Billig auf Kosten der Beschäftigten

SCHWARZ-BUCH LIDL EUROPA

von Andreas Hamann u.a.

1. Auflage, Berlin, Juni 2006

INHALTSVERZEICHNIS

3

Vorwort

Liebe Leserin, lieber Leser,

Grenzenlos billig: Die Discount-Kette Lidl wächst rasant und betreibt heute in fast allen europäischen Ländern ihre Filialen. In über 6.500 Läden arbeiten rund 100.000 Beschäftigte, die meisten davon sind Frauen. Nach dem »Schwarz-Buch Lidl Deutschland«, das wir am 10. Dezember 2004, dem Internationalen Tag der Menschenrechte, veröffentlicht haben, erreichten uns zahlreiche Rückmeldungen auch aus dem Ausland. So teilten Gewerkschafterinnen und Gewerkschafter aus Kroatien und anderen Ländern ihre Besorgnis über den bevorstehenden Markteintritt von Lidl mit. Sie befürchten eine Verschlechterung der Sozialstandards im Handel durch die Ansiedlung von Lidl. Mit dem vorliegenden »Schwarz-Buch Lidl Europa« wollen wir solche Fragen genauso wie die Situation in Ländern, in denen Lidl seit längerem Filialen betreibt, beleuchten.

Globalisierung buchstabiert sich bei Lidl überall gleich. Es gilt, immer höhere Gewinne durch eine aggressive Billigpreis-Politik zu erzielen. Mit seinen Ketten Lidl und Kaufland ist der Schwarz-Konzern inzwischen europaweit führend, was Expansion und Umsatzzuwächse angeht. Mit den Filialen exportiert Lidl immer auch sein System »Billig auf Kosten der Beschäftigten«. Überall werden die Arbeitskosten möglichst niedrig gehalten. Man versucht Sozialstandards zu unterlaufen und Dumping gegenüber Produzenten ist Prinzip. Das verschärft in allen Ländern Europas den ruinösen Wettbewerb im Handel und hat weitreichende Folgen für Beschäftigte, Kunden und die Allgemeinheit.

Die politisch gewollte Liberalisierung von Handels- und Dienstleistungsmärkten befördert diese Entwicklungen zusätzlich. Weltweites Ein- und Verkaufen soll nach dem Wunsch der Politik möglichst schrankenlos und im System Lidl möglichst billig sein. Auseinandersetzungen wie die um die Sicherung der Arbeitsstandards in der EU-Dienstleistungsrichtlinie sind nur ein Beispiel für die Konflikte bei der Internationalisierung von Dienstleistungen und Waren. Am Beispiel Lidl lassen sich die negativen Folgen der ungebremsten Deregulierung und der steigenden Konkurrenz durch die Ausweitung von Märkten und Filialen besonders deutlich beobachten. Lidl unterliegt dabei keineswegs einem Konkurrenzdruck aus billigeren Ländern, sondern setzt durch seine Dumping-Politik Negativtrends in ganz Europa.

Immer mehr Menschen sind aufgrund ihrer geringen Einkommensverhältnisse darauf angewiesen, bei Lidl oder anderen Billigketten einzukaufen. Zugleich produzieren diese Ketten überall in Europa bei den Beschäftigten und Lieferanten neue Armut. Verantwortungsvolles Handeln gegenüber Verkaufs- und Lagerpersonal, die Wahrung von Grund- und Menschenrechten im Arbeitsalltag, Rücksichtnahme auf die besonderen Belange von Frauen, die Sicherung von Persönlichkeitsrechten, freie gewerkschaftliche Organisierung und betriebliche Interessenvertretung – das alles passt nicht zum System Lidl.

Die Recherchen zu diesem Buch haben viel über die Geschäftstätigkeit von Lidl in Europa und die Strategien, mit denen Lidl seine Auslandsexpansion forciert, zu Tage gebracht. Es geht uns dabei vor allem um die Beschäftigten bei Lidl. Ähnlich wie im »Schwarz-Buch Lidl Deutschland« lernen wir auch hier Verkäuferinnen und Verkäufer kennen, die gerne im Handel und mit Kunden arbeiten. Ihre Erfahrungen zeigen die Auswirkungen des Systems Lidl auf das Arbeitsleben und den Alltag beispielsweise in Griechenland oder Frankreich. Und sie schildern die konkreten Arbeitsbedingungen bei Lidl in Polen, Spanien oder Italien.

All diese Berichte zeigen, dass es notwendig ist, die Abwärtsspirale zu stoppen und weiter für die Durchsetzung gemeinsamer globaler sozialer Standards zu kämpfen. Und sie zeigen, dass gerade in diesem erfolgreichen Konzern international geltende Rechte und menschenwürdige Arbeitsbedingungen an vielen Orten überhaupt erst noch durchgesetzt werden müssen. Denn es geht auch anders. Wenn Beschäftigte mit ihrer Gewerkschaft, wenn interessierte Kunden und verantwortungsbewusste Menschen deutlich und nachhaltig soziale und ökologische Verantwortung einfordern, ändert Lidl sein Verhalten positiv. Das zeigen aktuellere Vorkommnisse in Skandinavien, Belgien oder den Niederlanden. In ganz Europa ist dafür noch ein sehr langer Weg zurück zu legen.

Mit der Lidl-Kampagne hat ver.di neben ersten Verbesserungen für die Beschäftigten vor allem auch eines erreicht: Es ist eine breite kritische Debatte über das Prinzip »Immer Billig« in Gang gekommen. Lidl steht unter Beobachtung. Menschen aus verschiedenen gesellschaftlichen Gruppen wie attac, kirchlichen Arbeitnehmerorganisationen und Frauenverbänden solidarisieren sich mit den Beschäftigten bei Lidl. Das ist gut und das ist wichtig.

Nach unserem Internationalen Filial-Aktionstag zum Frauentag am 8. März 2006 und dem Europäischen Sozialforum in Athen im Mai dieses Jahres machen wir nun mit dem »Schwarz-Buch Lidl Europa« einen nächsten Schritt. Wir treten weiter für menschenwürdige Arbeitsbedingungen in den Lidl-Filialen, Demokratie im Betrieb, Schutz der Gesundheit und Berücksichtigung der besonderen Belange von Frauen ein. Globale soziale Standards sind bei Lidl und auch anderswo möglich und notwendig. Mit diesem neuen Schwarz-Buch wollen wir dazu beitragen, dass sich möglichst viele Beschäftigte, ihre Gewerkschaften, Kunden und engagierte Bürgerinnen und Bürger grenzüberschreitend solidarisieren.

Frank Bsirske
Vorsitzender ver.di

Margret Mönig-Raane
Stellvertretende Vorsitzende ver.di

Lidl-Expansion nach Osten von der Weltbank finanziert

Schwarz-Unternehmen Lidl und Kaufland werden mit fast 300 Mio. Euro unterstützt

Lidl und Kaufland pflügen den europäischen Handel um. Das Expansionstempo wirkt immer atemberaubender für die Konkurrenz, der Zuwachs bei den Umsätzen ebenso. Setzte der deutsche Schwarz-Konzern 1990 gerade einmal 3 Milliarden Euro um, so sind es zum Ende des Finanzjahres 2005 mehr als 40 Milliarden Euro geworden. Ein gigantischer Sprung in recht kurzer Zeit. Der Auslandsanteil liegt weit über 50 Prozent. Die beiden Gewinnbringer des Unternehmens, dessen Zentrale im beschaulichen Neckarsulm (Baden-Württemberg) alle Ziele vorgibt, sind nach jahrelanger Nichtbeachtung um so stärker in den Blick der Öffentlichkeit geraten. Dabei zieht der Discounter Lidl – noch mehr als die Schwester Kaufland mit ihren größeren Läden vom Stil »Verbrauchermarkt« oder »SB-Warenhaus« in Teilen Europas heftige Kritik auf sich, weil soziale Standards der Beschäftigten missachtet werden. Auch kleine und selbst mittlere Händler sowie einheimische Produzenten geraten unter Existenzdruck.

Auf der Agenda stehen Kroatien, Polen und Bulgarien

Das hindert Finanzinstitutionen wie die Weltbank-Tochter IFC und die Europäische Bank für Wiederaufbau und Entwicklung (EBRD) nicht, die Ansiedlung immer neuer Filialen der Unternehmensgruppe Dieter Schwarz in Ländern Zentral- und Osteuropas seit 2004 mit dreistelligen Millionenbeträgen zu finanzieren. Auf der Agenda stehen vor allem Kroatien, Polen und Bulgarien. Die Darlehen für die schwäbischen Handelshaie, die längst keine Krämer mehr sind, belaufen sich in nur zwei Jahren auf etwa 280 Millionen Euro, wie die Recherchen zu diesem neuen »Schwarz-Buch« ergeben haben.

»EINHEIMISCHE HÄNDLER KÖNNEN SELTEN VIEL GEGENWEHR LEISTEN«

Während es den Lidl-Kaufland-Gläubigern angeblich um Armutsbekämpfung geht, sehen Forscher bei der Discounter-Expansion andere Schwerpunkte. Für den Zeitraum 2004 bis 2009 sagen die Experten des Instituts »Planet Retail« voraus, dass die westeuropäischen Handelsgiganten – unter ihnen die Schwarz-Gruppe – beispielsweise in Polen und Tschechien noch stärker in die Provinzen und die ländlichen Gebiete einsickern werden. »Das erzeugt einen enormen Druck auf vorhandene traditionelle Handelsstrukturen«. Als Ergebnis des harten Wettbewerbs würden die kleineren »Spieler« hinausgeworfen und die Konzentration im Handel wachse weiter.

»Einheimische Händler auf zentraleuropäischen Märkten wie Polen oder der Tschechischen Republik können selten viel Gegenwehr leisten und sie können einfach nicht mit diesen großen und professionell geführten Läden konkurrieren, die ihre westlichen Mitbewerber hinstellen«, so der Wissenschaftler Boris Planer bei der Vorstellung einer Planet-Studie zu den Billigketten. »Das führt zu einem schnellen und beständigen Auflösungsprozess bei lokalen kleinformatigen und mittelgroßen Ketten.« Die schließlich auch keine internationalen Kredite erhalten, ließe sich hinzufügen.

Die Mission der IFC (International Finance Corporation) ist es nach eigener Darstellung, »nachhaltige Privatinvestitionen in sich entwickelnden Ländern zu fördern und dabei zu helfen, die Armut zu verringern und das Leben der Menschen zu verbessern. Deshalb habe man entschieden, die Schwarz-Gruppe bei ihrer »Expansion in mehrere Länder Zentral-, Ost- und Südeuropas« zu unterstützen.

Neoliberale Wirtschaftsmodelle bevorzugt

Schaut man sich an, wie die Weltbank-Gruppe und ihre Schwesterorganisation, der Internationale Währungsfonds (IWF), gewöhnlich bei Krediten auf der staatlichen Ebene vorgehen, kommen Zweifel an den hehren Zielen der Weltbank-Tochter IFC auf: Beide Institutionen sind seit Beginn der 80er Jahre darauf ausgerichtet, gerade in Entwicklungs- und Schwellenländern neoliberale Wirtschaftsmodelle durchzusetzen. Sie nehmen bis ins Detail Einfluss auf die Wirtschafts- und Sozialpolitik. Kreditraten werden nur ausgezahlt, wenn bestimmte »Erfüllungskriterien« eingehalten

»**WER DAS SPIEL DER KREDITE BEHERRSCHT, BEHERRSCHT DAS SPIEL DES HEUTIGEN KAPITALISMUS**«

werden. Das hat in der Vergangenheit zu einer Fülle von Skandalen geführt. Ein krasses Beispiel: In Tansania fiel nach 1978 die Alphabetisierungsquote von über 80 Prozent auf heute unter 60 Prozent, nachdem auf Druck des IWF Schulgebühren eingeführt wurden. Ähnliches geschah in vielen anderen Ländern.

Für Kroatien, eines der Expansionsländern der Schwarz-Gruppe, liest sich die aktuelle Einmischung in einem Bankenbericht so: »Der IWF drängt daher auch auf eine Reform der öffentlichen Ausgabenpolitik, insbesondere im Gesundheitsbereich, bei den Sozialtransfers und den Investitionen«. Klar ist, das mit »Reform« eigentlich »Kürzung« gemeint ist. In Bulgarien wiederum zwang der Fonds die Regierung zu steigenden Energiepreisen und

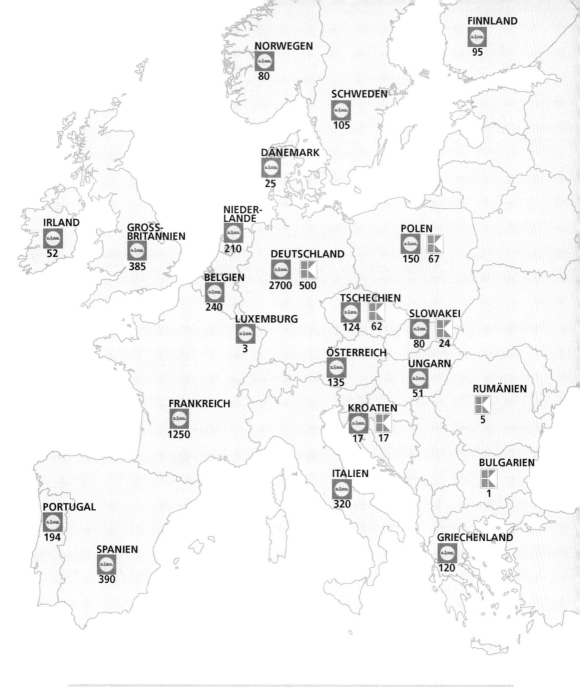

FINNLAND 95

NORWEGEN 80

SCHWEDEN 105

DÄNEMARK 25

IRLAND 52

GROSS-BRITANNIEN 385

NIEDER-LANDE 210

POLEN 150 67

DEUTSCHLAND 2700 500

BELGIEN 240

TSCHECHIEN 124 62

SLOWAKEI 80 24

LUXEMBURG 3

ÖSTERREICH 135

UNGARN 51

RUMÄNIEN 5

FRANKREICH 1250

KROATIEN 17 17

BULGARIEN 1

ITALIEN 320

PORTUGAL 194

GRIECHENLAND 120

SPANIEN 390

Die Unternehmensgruppe Schwarz betrieb Anfang 2006 fast 7.400 Filialen von Lidl und Kaufland in 23 europäischen Ländern. Das sind am Vorjahr gemessen 600 mehr. Das schnelle Expansionstempo soll beibehalten werden, heißt es in der Konzernzentrale. Der Auslandsanteil am Umsatz von 40 Mrd. Euro in 2005 betrug mehr als 50 Prozent. Für 2006 wird mit dem Lidl-Start in Kroatien, Slowenien, in den baltischen Staaten und in der Schweiz gerechnet. Die Lidl-Expansion nach Rumänien und Bulgarien, wo weiterhin neue Kaufland-Standorte geplant sind, soll wegen zu hoher Immoblienpreise zunächst auf Eis gelegt worden sein.

opponierte gegen höhere Löhne im öffentlichen Dienst. In Rumänien wollte er keinen Mindestlohn von 75 Euro im Monat.

Auch in allen anderen Staaten ist »das freie Spiel der Marktkräfte« oberstes Prinzip für Weltbank und IWF. Dass die großzügig finanzierte Expansion der Schwarz-Gruppe gen Osten und Südosten die Wettbewerbschancen gerade für die lokalen Anbieter noch weiter verzerren wird, ist da nur scheinbar ein Widerspruch. Der Kapitalismus war noch nie ein freier Wettbewerb zum Wohle aller.

Gerade die IFC habe schon viele Beispiele geliefert, wie von ihr finanzierte Projekte zu Umweltzerstörung, Armut und steigender sozialer Ungleichheit führen. Das betonten im Dezember 2004 in einem gemeinsa-

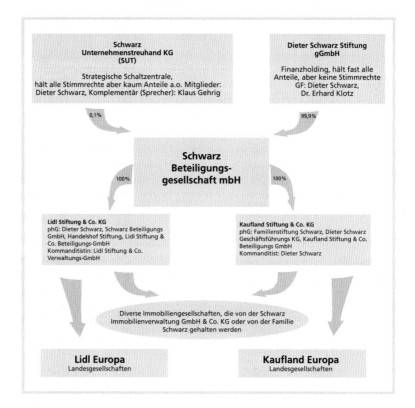

DAS SCHWARZ-IMPERIUM

Das Imperium des Unternehmers Dieter Schwarz ist in über 600 Firmen verschachtelt, u.a. um möglichst wenig Einblick geben zu müssen. Schwarz selbst ist in allen entscheidenden Gremien vertreten. Die strategische Schaltzentrale ist die SUT, die über die Schwarz Beteiligungsgesellschaft mbH das operative Geschäft von Lidl und Kaufland beherrscht.

(Die Infografik stützt sich auf Informationen
der »Wirtschaftswoche« und zum Teil auf anonym zugespieltes Material)

men Aufruf mehr als 200 Nicht-Regierungs-Organisationen (NGOs) aus 53 Ländern – unter ihnen attac, Greenpeace, W.E.E.D und Terre des Hommes. Sie wandten sich gegen »schwerwiegende Mängel bei der Anwendung der Umwelt- und Sozialstandards der IFC«. Eine Kernaussage aus dem Appell zu den Vergabekriterien für Kredite lautet, dass Kunden »hinsichtlich ihres Umgangs mit ökologischen, sozialen und Menschenrechtsfragen« überprüft werden müssten.

Kredite trotz erwiesener Gesetzesverstöße

Die umgerechnet 38,1 Millionen Euro, mit der sich der Privatzweig der Weltbank in Polen an der Ausbreitung von Lidl- und Kaufland-Standorten beteiligt, erscheinen im Vergleich zu einem Kredit der Europäischen Bank für Wiederaufbau und Entwicklung (EBRD) fast bescheiden: »Ein Darlehen von 160 Millionen Euro finanziert den Bau und den Betrieb von etwa 45 Discount-Hypermärkten (Kaufland) und ein zentrales Logistik-Zentrum in den nächsten 24 bis 36 Monaten«, teilte die Bank im Februar 2005 mit. In Polen selbst gab es daraufhin heftige Proteste auch von Gewerkschaften, weil die Arbeitsinspektion des Landes gerade in den Filialen des Schwarz-Konzerns schwere Verstöße gegen den Arbeitsschutz und die sozialen Rechte des Personals festgestellt hatte (siehe Polen-Kapitel in diesem Buch). Inzwischen ist in der offiziellen Projektbeschreibung zu lesen, dass der Begünstigte (Kaufland) aufgefordert sei, die entsprechende Gesetzgebung zu respektieren. Die Finanzierung wurde nicht gestoppt, wie es das Banken-kritische Netzwerk CEE bankwatch gefordert hatte, obwohl die zuständige polnische Behörde im Spätsommer 2005 wieder Verstöße registrierte.

Auch die IFC, die ihre Umwelt- und Sozialkriterien Anfang 2006 angeblich verschärft, nach Einschätzung der NGOs jedoch verwässert hat, unternahm nichts. Das Resultat: Allein für die Expansion in Polen hat die Unternehmensgruppe Schwarz fast 200 Millionen Euro zur Verfügung. Hinzu kommen 41 Millionen Euro für neue Kaufland-Filialen in Bulgarien, während die bevorstehende Eröffnung von 17 Lidl-Filialen in Kroatien mit 38,15 Millionen Euro unterstützt wird. Macht zusammen etwa 280 Millionen Euro für den Lidl-Kaufland-Konzern. Eine besondere Art der Armutsbekämpfung. Man darf gespannt auf ihre Ergebnisse in den betroffenen Ländern sein. »Wer das Spiel der Kredite beherrscht, beherrscht das Spiel des heutigen Kapitalismus«, meint übrigens der Schweizer Wirtschaftswissenschaftler David Bosshart und er hat offenbar Recht.

ANDREAS HAMANN

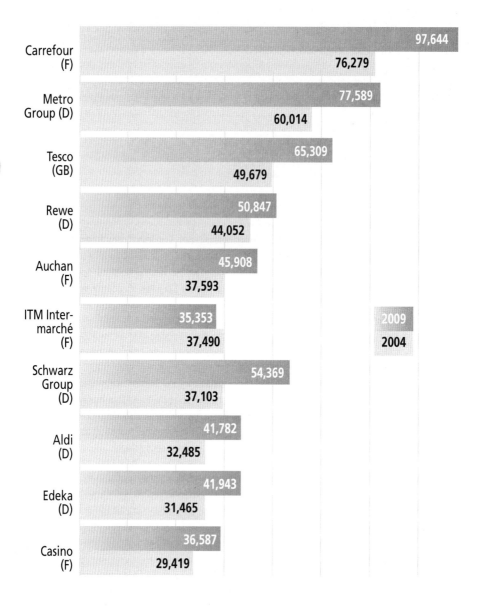

Carrefour (F)	97,644	76,279
Metro Group (D)	77,589	60,014
Tesco (GB)	65,309	49,679
Rewe (D)	50,847	44,052
Auchan (F)	45,908	37,593
ITM Inter-marché (F)	35,353	37,490
Schwarz Group (D)	54,369	37,103
Aldi (D)	41,782	32,485
Edeka (D)	41,943	31,465
Casino (F)	36,587	29,419

2009
2004

TOP 10 IM EINZELHANDEL EUROPAS
2004 – 2009 (Umsatz in Mrd. Euro)

In einer aktuellen Unterschung kommt das auf Handelsforschung spezialisierte Institut »Planet Retail« zu dem Ergebnis, dass der französische Handelskonzern Carrefour unangefochtener Marktführer in Europa bleiben wird. Danach wird der Schwarz-Konzern mit seinen Töchtern Lidl und Kaufland den Vorsprung vor Aldi-Nord und Aldi-Süd noch erheblich ausweiten. Insgesamt werde die Unternehmensgruppe Dieter Schwarz im Jahr 2009 auf Platz 5 landen.

Verkäufer/innen und Kunden gemeinsam für
menschenwürdige Arbeitsbedingungen

Betriebsräte als Menschenrecht

Neue Wege mit der Lidl-Kampagne

Was Beschäftigte des Discounters Lidl in Deutschland täglich erleben, hat das im Dezember 2004 erschienene »Schwarz-Buch« erstmals umfassend enthüllt: Leistungsdruck, Mobbing, Kontrollen, unbezahlte Arbeit, keine Zeit für Pausen – die Zeugenaussagen und Fallbeispiele waren und sind repräsentativ. Sie stammen aus allen Bundesländern.

Das Echo war überwältigend. In Hunderten von Mails, Briefen, Telefonaten und bei persönlichen Gesprächen bestätigten Lidl-Angestellte und Ex-Beschäftigte der Gewerkschaft ver.di, dass die im Schwarz-Buch beschriebenen Arbeitsbedingungen und der rüde Umgang bei Lidl System haben. Nur die allerwenigsten Lidl-Teams haben eine gewählte Interessenvertretung, die dem von oben nach unten durchgereichten Druck der Geschäftsleitung etwas entgegensetzen kann. Aufgezeigt wurde im Schwarz-Buch auch: Lidl unterbindet gezielt die Wahl von Betriebsräten. In nur sechs von bundesweit rund 2.600 Lidl-Filialen gab es im Dezember 2004 Betriebsräte.

Im Mittelpunkt: Beschäftigte im Arbeitsalltag

Seit dem Start der Lidl-Kampagne hat ver.di deshalb Verkäufer/innen und Kassierer/innen ermuntert, ihre Rechte wahrzunehmen und mit Betriebsräten ihre Situation positiv zu verändern. Es gibt erste Verbesserungen in den Filialen, weil der Konzern sich unter Beobachtung sieht. Grundlegende Änderungen stehen noch aus. Deshalb decken wir weiter offensiv Missstände in den Filialen auf und bieten unsere Unterstützung bei der Wahl von Betriebsräten an. Bei bundesweiten Aktions- und Informationstagen versuchen wir neue Zugänge zu Filialbelegschaften zu schaffen und werben um Solidarität der Kunden. Dabei kommen innovative Kommunikationsmittel wie die Kampagnenzeitung »Schwarz-Markt« zum Einsatz. Im Internet hat sich das offene Diskussionsforum »Lidl-Weblog« zu einem gut besuchten ver.di-Treffpunkt von betroffenen Insidern und Interessierten entwickelt.

Für ver.di stehen nach wie vor die Verkäufer/innen der Billig-Kette im Mittelpunkt. Ihre Mitbestimmung muss durchgesetzt werden, damit mehr Menschenwürde in den betrieblichen Alltag einzieht. Geltende Rechte der rund 40.000 Beschäftigten bei Lidl in Deutschland sollen eingehalten werden, Arbeit darf nicht krank machen. Tatsächlich geleistete Arbeitszeit soll korrekt bezahlt und Überstunden sollen begrenzt werden. Persönlichkeitsrechte müssen für alle gewahrt und entwürdigende Kontrollen eingestellt werden. Bei Lidl arbeiten überwiegend Frauen, die meisten in Teilzeit- und Minijobs. Viele haben Kinder und Familie, sie sind besonders auf ausreichenden Verdienst und geregelte, familienfreundliche Arbeitszeiten angewiesen.

14

Soziale Netzwerke und künstlerische Formen

»bye buy« von Ralph Burkhardt (oben, 1. Preis) und »o.T.« von Omar Chacon (2. Preis)

Weitere Gewerkschaften und gesellschaftliche Gruppen wie attac, kirchliche Arbeitnehmerorganisationen, Frauen- und Jugendorganisationen haben inzwischen das Thema aufgegriffen und führen eine umfassende Debatte über Discounter und ihre Auswirkungen auf das tägliche Leben. Prominente aus Politik, Kunst und Kultur unterstützen die Forderung nach menschenwürdigen Arbeitsbedingungen und solidarisieren sich mit Verkäufer/innen. Künstlerische Formen wie der erste Lidl-Krimi und der Motivwettbewerb für Einkaufstaschen »Fair Kaufen« bereichern die Auseinandersetzung. Dabei geht es ver.di um die Durchsetzung von geltenden sozialen Standards in einem der größten deutschen Handelskonzerne, der auf dem besten Weg ist, auch in Europa unter den »Top Five« mitzumischen. Bisher setzt die Schwarz-Gruppe mit ihren Lidl-Filialen und Kaufland-Häusern klar negative Trends in der ganzen Handelsbranche und darüber hinaus. Eine besondere Rolle bei der Auseinandersetzung mit diesen neoliberalen Strategien spielen die Kunden. Ihre Solidarität verleiht den Anliegen der Verkäufer/innen eine große Kraft.

Kundenmacht:
Große Macht der kleinen Leute

Deutlich wurde die Bedeutung der Kunden-Solidarität während der bundesweiten »Kundenwoche« im September 2005. Mit über 3 Millionen Karten konnten sich Kunden beim Einkauf solidarisch mit den Verkäufer/innen zeigen und zeitgleich der Unternehmensleitung vermitteln, dass es auch Konsumenten nicht nur um billige Preise, sondern um faire Bedingungen und Einhaltung geltender Rechte in den Filialen geht.

Viele Beschäftigte bei Lidl haben sich mittlerweile mit ver.di in Verbindung gesetzt. In einigen Belegschaften wächst die Entschlossenheit, mit Betriebsräten bestehende Rechte durchzusetzen. Dabei helfen viele ver.di-Mitglieder und Unterstützer/innen, die als Kunde bei Lidl Patenschaften für Filialen übernommen haben. Für den Fall, dass Lidl bei wiederholten Wahlversuchen von Beschäftigten wieder mit Repressionen antwortet, ist die Solidarität und Unterstützung von außen für die Verkäufer/innen von großer Bedeutung. Der Konzern registriert genau, ob und in welchem Umfang Kunden ihre Einkaufsentscheidung auch von der Einhaltung sozialer und ökologischer Standards abhängig machen.

Für ver.di ist klar: Verkäufer/innen und Kunden können gemeinsam am meisten erreichen. Uns geht es dabei um Standards, die in der Allgemeinen Erklärung der Menschenrechte, den Normen der Internationalen Arbeitsorganisation ILO und im Recht der Bundesrepublik Deutschland gesetzt sind. Wir erwarten nach wie vor, dass Beschäftigte bei Lidl ihre Interessen selbst artikulieren, sich frei und ungehindert gewerkschaftlich organisieren und gegenüber der Geschäftsführung ihre Interessen mit frei gewählten und effektiven Betriebsräten vertreten können.

Betriebsräte bei Lidl

Die Bildung von Betriebsräten wurde auch seit dem Start der Kampagne von der Konzernleitung mit allen Mitteln verhindert. Noch gibt es von 2.600 Lidl-Filialen in Deutschland nur in lediglich vier Filialen Betriebsräte. Bundesweit bestehen keine Vertretungen von Auszubildenden und Schwerbehinderten. Das undurchsichtige Unternehmensgeflecht mit Hunderten Firmen schließt bislang effektive Vertretungsstrukturen aus. Auch Gesamtbetriebsräte oder Vertretungen in Aufsichtsräten fehlen. Unsere Aufforderung zu Verhandlungen über die flächendeckende Bildung von Betriebsräten in Verkaufsregionen, die auch in anderen Filialunternehmen des Handels üblich sind, hat Lidl bislang verweigert.

So verhinderte Lidl zum Beispiel im Sommer 2005 erneut die Wahl eines Filialbetriebsrates in München. Zwei der wenigen Läden mit Betriebsrat, die sich an Streikaktionen für bessere Tarife beteiligt hatten, wurden kurzerhand ausgegliedert und geschlossen. Die entschlossene Gegenwehr bei der Zerschlagung der Belegschaft mit Betriebsrat in der Filiale Calw (Baden-Württemberg) führte zu einem bislang einzigartigen, monatelangen Konflikt mit den Beschäftigten, der Gewerkschaft ver.di, der Bevölkerung von Calw, Tausenden von Unterstützer/innen und prominenten Paten. Zahlreiche Negativ-Berichte und juristische Schlappen hielten die Konzernleitung letztlich nicht von ihrem Plan ab, die wirtschaftlich ertragreiche Filiale zu schließen. In Forchheim (Bayern) wurde die Filiale kurzerhand gesellschafts-

*Der Kampf um die Lidl-Filiale in Calw hat viele Kräfte mobilisiert –
Phantasie, Mut und Konfliktbewusstsein*

rechtlich umfirmiert, um eine Belegschaft mit Betriebsrat von heute auf
morgen aus dem Lidl-Filialnetz ausgliedern zu können.

Die Konzernleitung setzt gegenüber protestierenden Kunden und Öffentlichkeit weiter auf Verschleierung, Beschwichtigung und Ablenkung. Beworben werden extern wie intern Lidl-Hotline und Mitarbeiter für Personal
und Soziales, die sich angeblich um die Belange der Angestellten kümmern.
Obwohl viele Beschäftigte von ver.di-Aktiven über ihre Rechte informiert
worden sind, herrscht noch immer vor allem Angst in den Filialen. Führungskräfte und Konzernleitung wenden weiter ein breites Instrumentarium von
Zuckerbrot bis Peitsche an, um das Personal von der Wahl von Betriebsräten
und Kontakten mit ver.di abzuhalten.

Vereinbarung »Faire Betriebsratswahlen« bei Lidl

Dagegen setzen wir auch weiterhin persönliche Kontakte mit Verkäu-
fer/innen, Patenschaften für sich engagierende Filialbelegschaften, Informationen über ihre Rechte und Solidarität aus der Bevölkerung. In ganz
Deutschland haben Arbeitnehmer/innen in Betrieben von März bis Mai
2006 Betriebsräte gewählt. Die Gewerkschaft ver.di hat aus diesem Anlass
Konzerninhaber Dieter Schwarz und seinen Topmanager Klaus Gehrig aufgefordert, eine Vereinbarung über »Faire Betriebsratswahlen« zu unterzeichnen. Darin sollen ungehinderte Information und Wahlen ohne Einfluss-
nahme und Repressionen der Geschäftsführung zugesichert werden.

Bislang haben bereits Hunderte Unterstützer/innen diese Forderung be-
kräftigt, erste Prominente wollten sich noch im Frühsommer 2006 zu Wort

melden. Mit dieser und weiterer Unterstützung soll der Druck auf Lidl erhöht werden, damit Verkäufer/innen bei Lidl endlich ihre Belange gegenüber der Geschäftsführung vertreten, durch frei gewählte Betriebsräte gesetzlich vorgesehene Schutzrechte wahrnehmen und im Betrieb mitbestimmen können.

Discount und Billig-Strategien in Europa

Das Prinzip »Billig auf Kosten der Beschäftigten« ist in Verruf geraten. Immer mehr Menschen setzen sich kritisch mit den Folgen von Discount und Billigproduktion hier und weltweit auseinander. Dabei geht es um den Schutz von Verbraucherinteressen, Rechte von Arbeitnehmer/innen im Handel und Anforderungen an einen fairen Handel weltweit sowie ökologische Standards. Längst ist klar geworden, dass ver.di auch über Lidl hinausschaut und mit der Kampagne zugleich offensiv gegen neoliberale Unternehmensstrategien hier und europaweit eintritt.

Mit dem »Schwarz-Buch Lidl« haben wir die Phase beendet, in der Lidl relativ unbeobachtet und unbehelligt seine europaweite Expansion durch Dumping aggressiv vorantrieb. Mit der Ausweitung unserer Initiative in andere Länder Europas stellen wir noch mehr Öffentlichkeit her und fordern globale soziale Rechte. Erste grenzüberschreitende Filial-Aktivitäten konnten wir zum 8. März 2006 am Internationalen Frauentag anregen: Gewerkschafter/innen in Deutschland, Frankreich, Österreich, Polen und Tschechien besuchten Beschäftigte in den Filialen und bestärkten sie darin, sich für ihre Rechte einzusetzen. In einigen Ländern waren auch erstmals Kunden und weitere Organisationen wie attac eingebunden.

Das »Schwarz-Buch Lidl Europa« soll vor allem Beschäftigte, aber auch Kunden ermuntern, weiter an der Durchsetzung von Betriebsräten in Deutschland zu arbeiten. In den Kapiteln dieses Buches wird nicht nur deutlich, dass Lidl sein Prinzip »Billig auf Kosten der Beschäftigten« europaweit exportiert. Schilderungen von Kolleginnen und Kollegen z.B. aus Schweden, Belgien oder Dänemark zeigen auch, wie wirkungsvoll es ist, sich gemeinsam mit der Gewerkschaft für Arbeitnehmerrechte stark zu machen. Lidl kann offenkundig auch anders. Daran arbeiten wir weiter: Beschäftigte und Kunden gemeinsam, hier und grenzüberschreitend in Europa.

AGNES SCHREIEDER

Lidl-Kampagne: www.lidl.verdi.de

Lidl in Deutschland

Öko-Bananen, Stress und Spitzelprotokolle

Arbeitshetze und Personalengpässe trotz leichter Verbesserungen

Die Rechenaufgabe »Tagesumsatz geteilt durch Personalstunden = Leistung« beschäftigt Sven P. noch heute. Manchmal in schlechten Träumen. Der ehemalige Filialleiter ist nicht der einzige, denn um diese Formel dreht sich alles in allen Lidl-Filialen. Stimmt das Ergebnis nicht, wird es richtig ungemütlich. Dann ist es für die nächste Chefebene zweitrangig, ob andere Regeln des Verkaufs eingehalten werden.

»390, 400, 430 – ich hatte in meiner Filiale im Wochendurchschnitt immer eine gute bis sehr gute Leistung«, sagt der 25-jährige. »Die Stunden, die ich zuteilen durfte, waren aber viel zu knapp.« Dennoch wollte die Vertriebsleitung in dieser norddeutschen Lidl-Gesellschaft die Kennziffer für die Produktivität immer ganz oben halten und übte entsprechend Druck auf den unmittelbar vorgesetzten Verkaufsleiter aus. »Um im Deutschland-Vergleich gut abzuschneiden«, erklärt Sven P.

Irgendwann kam es zum endgültigen Konflikt. Im Sommer 2005 war er draußen. Es war die bei Lidl in Deutschland übliche Masche: Fadenscheinige Vorwürfe, Kündigung. Sven wehrte sich und klagte beim Arbeitsgericht, es kam zum Vergleich. Auch das passiert noch immer häufig. Einen der Gründe, warum er ins Visier geraten ist, vermutet der Ex-Filialleiter in seiner Weigerung auf ältere Mitarbeiterinnen einzuwirken, damit sie schließlich Aufhebungsverträge unterschreiben. »Eine hatte im November ihr 10-jähriges Jubiläum. Sie war gelernt und in der tariflichen Endstufe, wie die drei anderen auch«.

Startjahr
1973

Filialen (D)
2.700* Lidl und 500 Kaufland

Filialen Europa
ca. 6.700* Lidl und 650 Kaufland

Beschäftigte Europa
160.000* (Schwarz-Gruppe)

Umsatz Europa
40* Mrd. Euro (Schwarz-Gruppe)

Discount-Konkurrenz (D)
4.100 Filialen Aldi-Nord und Aldi-Süd, 2.800 Plus (Tengelmann), 2.100 Penny (Rewe), 1.000 Netto (Edeka)

* Stand 28.02.2006

(Quellen: Planet Retail, eigene Berechnungen)

Sven P. und seine Filiale sind keine Ausnahme Seine Erfahrungen spiegeln viel von dem Alltag im Ladennetz des Discounters wider. Viele Dutzend Zeugen vor und nach ihm bestätigen das. Sie kommen aus allen Landesteilen und schildern zum Teil menschenunwürdige Bedingungen. Übereinstimmend heißt es allerdings, dass die Arbeitszeiten genauer erfasst werden. Kontrollen und die Personalführung liefen nicht mehr so ruppig ab wie früher.

Verdeckte Videokameras und präzise Psychogramme

Ein besonders krasser Fall ereignete sich in der Flensburger Filiale 7351: Die Vertriebsleitung von Lidl im norddeutschen Wasbek orderte wegen hoher Inventurdifferenzen und Abschriften ein Überwachungs-team. »Am 06.09.04 wurde für einen Zeitraum von 6 Arbeitstagen eine mobile Kameranlage, bestehend aus Miniaturkameras, versteckt installiert«, hat die beauftragte Sicherheitsfirma protokolliert. Es sollten nicht nur Kundendiebstähle aufgedeckt werden: »Weiterhin sollte auf die Einhaltung der Orga-Anweisungen und sonstige Auffälligkeiten geachtet werden.«

Die Bespitzelung führte zu akribisch genauen Beobachtungen des Arbeitsablaufes und kleinen Psychogrammen: »Herr D. erwartet von seiner Partnerin Nachwuchs und benötigt nach eigenen Angaben zurzeit viel Geld. Er macht dazu auch viele Überstunden.«

Mit den minutengenauen Tagesprotokollen konnte die Lidl-Vertriebsleitung sich ein präzises Bild machen: »11:58 Uhr: Frau B. fragte mich, ob ich zur Firma Lidl gehöre und wo meine Kameras eingesetzt sind. Sie beobachtet die Monitore und fragt mich dann: ›Haben sie die Kassen etwa auch mit drauf?‹ – 17:35 Uhr: Herr D. schildert seine schlechte finanzielle Lage und spricht über die anstehende Vaterschaft und die damit verbundenen zusätzlichen Kosten. Er sagt zu mir: ›Demnächst brauche ich 'ne Menge Kohle.‹ Und am Ende des Auftrags kommen die Vorschläge für mehr Kontrolle der Bestellaktivitäten und Ausweitung der Überwachung: ›Eine verdeckte Videoüberwachung sollte kurzfristig in den Standardbereichen erfolgen. Besonders die Warenannahme, das Büro und die Kasse sollte dabei berücksichtigt werden.‹«

> **»HERR D. ERWARTET NACHWUCHS UND BENÖTIGT ZURZEIT VIEL GELD«**

Die Verantwortlichen sind noch im Amt

Die Lidl-Zentrale nennt solche Skandale gerne »Einzelfälle aus der Vergangenheit«, versucht kritikwürdige Dinge auf individuelles Fehlverhalten zu schieben. Merkwürdig: Die für die Bespitzelung unmittelbar Verantwortlichen haben noch heute um die 100 Filialen unter sich und sie sind immer noch im Job.

Anders als Annette M. aus Sachsen, die dort Opfer der »Pfandnummer« geworden ist. »Mir wurde unterstellt, dass ich Geld eingesteckt haben soll, aber das habe ich in keinster Weise getan. Ich war fast 13 Jahre dabei, hatte nie eine Kassendifferenz. Und jetzt das. Sie warfen mir vor, an drei Tagen jeweils 50 Euro Pfand gebont und dann den Betrag aus der Kasse genommen zu haben. Jeweils ein glatter Betrag, so blöde kann doch eigentlich niemand sein, abgesehen davon, dass ich sowieso nichts stehlen würde. Und an einem der Tage war ich zu der Zeit, die auf dem Kassenbon steht, gar nicht im Dienst «.

»LIDL HAT MEINEN RUF ZERSTÖRT, ICH WAR UND BIN UNSCHULDIG«

Annette M. klagte, die Firma Lidl musste ihre Vorwürfe fallen lassen, aber die langjährige Verkäuferin nicht wieder einstellen. Noch ein Vergleich. »Lidl hat meinen Ruf zerstört, ich war und bin unschuldig«, sagt sie auch heute noch sehr erbittert und enttäuscht. 14 Tage vor ihr war übrigens eine andere Kollegin, die auch sehr lange bei Lidl gearbeitet hatte, mit ähnlichen Begründungen rausgeworfen worden.

Wie Sven P. hat auch Angelika D. aus Niedersachsen eine Filiale geleitet, insgesamt war sie sechs Jahre bis Oktober 2005 bei Lidl. Die Leistungsvorgabe habe es mit sich gebracht, dass oft schlechte Besetzung war. »Es ist unmöglich, in der Filiale alle Anordnungen zu erfüllen. Vor allem das 4-Säulen-Modell bietet immer Angriffsflächen. Du sollst schnell kassieren, damit die Schlangen nicht zu lang werden. Gleichzeitig soll alles frisch und der Laden sauber sein, keine Waren am falschen Ort stehen....«

Foto: Bachmeier

Die Verkäuferinnen bei Lidl hetzen sich noch immer ab. Allerdings sind die Verkaufsleiter auf einem zentralen Meeting von der Konzernspitze eingeschworen worden, das Personal nicht mehr ganz so hart anzufassen.

Intern gibt es mit dem »Mitarbeiter für Personal und Soziales«, dessen Auftrag angeblich die Belange der Beschäftigten sind, eine noch recht neue Institution bei Lidl. In allen Regionalgesellschaften sind diese MAs auf der Leitungsebene angesiedelt und der Ruf, den sie haben, ist nicht der beste. »Bei uns kommen sie schon mal in die Filiale und kontrollieren, ob die Ruhezeiten zwischen den Schichten eingehalten werden«, berichtet eine Kassiererin aus Köln. »Ansonsten rate ich dringend vor zu viel Vertrauen in diese Leute.«

Zu den Neuerungen im Jahr 2006 gehört die Aufnahme von Bio-Produkten und fair gehandelten Produkten ins Lidl-Sortiment. Das hat viele Schlagzeilen gebracht, wird aber auch von den meisten entwicklungspolitischen und kirchlichen Initiativen kritisch gesehen. »Solange Beschäftigte Angst haben müssen, sich gewerkschaftlich zu organisieren, solange ein paar Bio-Äpfel wie ein Feigenblatt vor der Milch liegen, für die Lidl den Bauern nicht einmal den Herstellungspreis bezahlt, solange bleibt das Kosmetik und reine PR-Fassade«, bringt es ein Kommentar aus dem Lidl-Kampagnenteam von ver.di auf den Punkt. ANDREAS HAMANN

Karikaturen: Klaus Stuttmann

Lidl in Spanien

Der Erfolg von Lidl geht spürbar auf die Knochen

2004 war in Spanien das Jahr der schwarzen Zahlen für die »Teutonen«

Spanien, Lokaltermin Lidl: Eine extrem feindliche Einstellung können die Gewerkschaften Comisiones Obreras (CC.OO) und Union General de Trabajadores (UGT) zur Zeit nicht feststellen. Beide sind im Unternehmen vertreten. In Valencia, Sevilla und Barcelona zum Beispiel haben die Beschäftigten aus dem Lager- und Filialbereich Betriebskomitees gewählt. Sie versuchen Verbesserungen im harten Arbeitsalltag durchzuboxen. Seit dem Lidl-Start 1994 war das nicht immer selbstverständlich. Ohnehin ist das Verkaufspersonal in einigen spanischen Provinzen ziemlich schutzlos, weil noch keine Interessenvertretungen für die Filialen gewählt sind. Auch bei Lidl Supermercados S.A. läuft einiges schräg, gibt es kleine und große Skandale.

An »Lidl vor der Gewerkschaft«, die Zeit als es weder Vertrauensleute noch ein Betriebskomitee in Sevilla gab, erinnert sich Angel Trujillo mit Schrecken. Der Leiter einer von rund 90 andalusischen Filialen weiß den Unterschied, an dem er selbst als Mitglied des Komitees beteiligt ist, zu schätzen. »Wenn die Gewerkschaft Einfluss im Betrieb hat und ihn auch ausübt, steckt Lidl enorm zurück und wendet nicht mehr die Methoden von früher an.« Bei ihnen dauerte es rund sechs Jahre, bis mit der Wahl ein Ausweg aus der Angst gefunden war.

»Früher mussten wir tausende von Überstunden schieben. Natürlich unbezahlt. Beschwerten sich die Leute zu viel, wurden sie unter Druck gesetzt«, erzählt der Mann aus Sevilla. Seine Tischnachbarin Aurora Mañas vom Filialkomitee

Startjahr
1994

Filialen
390*

Beschäftigtenzahl
ca. 4.800

Umsatz
1,41 Mrd. Euro (2004)

Discount-Konkurrenz
2.650 Dia-Filialen (Carrefour-Gruppe), 230 Plus-Filialen (Tengelmann), 120 Aldi-Filialen

* Stand 1.1.06

(Quellen: Anuario de la Distribución 2004 – 2005, Planet Retail, deutsches Generalkonsulat Barcelona, Dossier »alimentaria«, eigene Berechnungen)

in Barcelona nickt heftig. Wir treffen uns im Gewerkschaftshaus der Comisiones, unweit des historischen Kerns der katalanischen Hauptstadt, wo das Stadtleben mittags ein bisschen weniger hektisch atmet. Die Spannung hat sich nach innen verlagert. Angel redet schnell weiter: »Man beschuldigte die Kritiker einfach des Diebstahls und ließ sie nicht eher aus dem Büro, bis sie ihre eigene Kündigung unterschrieben«. Davon könne heute keine Rede mehr sein. »Die Vorgesetzten verhalten sich sehr korrekt. Für die Überstunden gibt es in Sevilla drei Mal mehr Zuschlag als im Tarifvertrag vorgesehen. Abmahnungen müssen über den Tisch des Komitees gehen und wir können die meisten abwenden.«

Gastgeber ist CC.OO-Mann Fernando Medina. Er ist sich mit der UGT in Madrid einig, dass Lidl im Moment nicht an Verhandlungen über ein zentrales Tarifabkommen interessiert ist. Leider. Ebenso wenig an der Mitgliedschaft im Unternehmerverband. »Von Provinz zu Provinz sind bei Lidl die Einkommens- und Arbeitsbedingungen sehr unterschiedlich, weil überall andere Vereinbarungen gelten«, schildert Fernando die Lage. Bei Lidl ist die Tariflandschaft ein reiner Flickenteppich. Die meisten Löhne bewegen sich zwischen 9 Euro und 11,50 Euro pro Stunde.

»WENN DIE GEWERKSCHAFT EINFLUSS AUSÜBT, LÄSST LIDL DIE ALTEN METHODEN SEIN«

»Wo es keine Betriebskomitees gibt oder sie unerfahren sind, ist alles beim Alten«, hat Angel in anderen Provinzen beobachtet. »Dort gibt es erzwungene Überstunden, falsche Beschuldigungen, willkürliche Entlassungen.« Auch Aurora Mañas aus Barcelona und Laura Auñón aus Valencia bestätigen, dass Lidl seine Personalpolitik anpasst. »Es hängt sehr davon ab, wie viel Druck wir als Gewerkschaft ausüben können.«

SCHULUNG IN VERBALER PROVOKATION

»Überstunden in den Filialen kommen sehr oft vor, ausgeglichen wird nicht, Inventuren sind häufig an Wochenenden und dauern oftmals bis spät in die Nacht. Den Bezirksleitern wird eingebläut, dass sie maximalen Druck auf das Filialpersonal ausüben müssen. Ich selber war auf einer Veranstaltung, wo dies an Beispielen geschult wurde. Auch wie man unangenehme Mitarbeiter verbal so provoziert, dass sie freiwillig kündigen. Spindkontrollen, versteckte Kameras, Nachtkontrollen (Filiale sauber, alles abgeschlossen?), Kassiererinnen-Tests sind an der Tagesordnung«

(ehemaliger Projektleiter bei Lidl in Katalonien)

Nettogewinn von 36,8 Millionen Euro

Mit fast 400 Filialen ist Spanien nach Deutschland und Frankreich das drittstärkste »Lidl-Land«. Und zwar ein sehr erfolgreiches. Das sah Anfang 2001 noch ganz anders aus. Die spanische Wirtschaftspresse verbreitete die Botschaft »Das Modell des Super-Discounts ist gescheitert« und meinte die Verluste der »cadena teutona«, der teutonischen Kette. Doch dann drehte sich das Blatt: Der damalige Umsatz von knapp 700 Millionen Euro hat sich bis heute mindestens verdoppelt. 2004 betrug er schon 1,41 Milliarden Euro und Lidl verbuchte laut Branchendossier »alimentaria« einen Nettogewinn von 36,8 Millionen Euro.

Wer diese Erfolgsgeschichte mit schreibt, lässt sich in den Filialen gut beobachten. Es sind die spanischen Kunden, die Lidl jetzt viel stärker annehmen, sieht man einmal von frischem Fleisch und Wurstwaren ab. Viele wollen, die meisten müssen bei Discountern kaufen, wie auch der erste nationale Armutsbericht aus dem Jahr 2005 erkennen lässt. Danach lebt ein Fünftel der Bevölkerung unter der relativen Armutsgrenze von 379 Euro im Monat. Ausschlaggebend für die profitablen Lidl-Ergebnisse ist aber der »Faktor Arbeit«, der sich in Barcelona wie überall im Land an der Kasse und im Lager abrackert und auf Namen wie Javi, Maria oder Ester hört. Sie haben den Umsatzsprung von 2001 bis 2004 hart erarbeiten müssen, denn die Belegschaft wuchs in dieser Zeit nur um etwa ein Viertel.

»Heute ist besonders viel los«, sagt die junge Frau in dem blauen Kittel, die hinter der Kasse steht. Der Laden ist tatsächlich sehr voll. Es ist Freitag

Foto: Hamann

abend. An sieben Laufbändern türmen sich die Waren. Sie wirkt trotzdem gelassen. Am nächsten Morgen ist es leerer. Dieselbe Kasse, dieselbe Kollegin. Erst jetzt werde ich eine heiklere Frage los. »Ja, es gibt sehr viele Kontrollen«, antwortet sie fast flüsternd und weist mit dem Kopf auf einen etwas schicker gekleideten, vielleicht 25-jährigen Mann, der in einer anderen Ecke des Ladens mit einer Angestellten diskutiert. »Sie sagen, dass die Videoüberwachung der Kassen nur zu unserer Sicherheit da ist, na ja...«, bricht sie rasch ab, als der Bezirksleiter neugierig oder zufällig zu uns hinüberschaut.

Wieder im Gewerkschaftshaus. Bei den Leuten von »Comisiones Obreras« öffnen sich die Schleusen, als die Kritik noch einmal konkret wird: »An

Foto: Hamann

den Kontrollen und der Videoüberwachung merkst du, wie sehr psychischer und moralischer Druck immer noch zur Personalführung gehören« – »Die Bezirksleiter haben oft ein sehr diktatorisches Verhalten, zwingen die Beschäftigten zu Mehrarbeit und Inventuren bis spät in die Nacht« – »Bei uns werden Überstunden bezahlt, aber nicht mit Zuschlag. Die Geschäftsführung will darüber nicht verhandeln« – »Anfangs wurde unsere Freistellung torpediert und wir konnten die Gewerkschaftsarbeit nicht richtig machen« – »Viele wollen aufstocken, weil sie nur 22 oder 30 Stunden pro Woche haben. Die Zuteilung oder Nichtzuteilung von Überstunden wird auch eingesetzt, um Kritik abzuwürgen«.

Streik gegen fiese Bezirksleiter

Angel Navarro nennt einen Grund, warum in Sevilla das Verhältnis zum Management heute normaler ist: Als sie vor vier Jahren aus Protest gegen die menschenunwürdige Behandlung durch einige Bezirksleiter gestreikt hätten, seien diese entlassen worden. Ein schöner Erfolg, doch Streiks von Menschen in prekären Arbeitsverhältnissen haben auch in Spanien Seltenheitswert. In Katalonien und anderen Regionen ist das Verhältnis zu den Vorgesetzten noch immer schwierig. »Die Zentrale lässt uns wissen, dass man bestrebt ist, alle Abkommen zu respektieren. Gleichzeitig vermitteln sie den vielen untergeordneten Führungsebenen das Gefühl, das alleinige Sagen zu haben«, schildert Aurora Mañas ihren Eindruck. Obwohl seit langem dabei, ist sie noch immer Stellvertreterin in ihrer Filiale. Als es das Angebot gab den Laden zu leiten, lehnte sie selbstbewusst ab. Der kleine Karrieresprung war an das unmoralische Angebot ihrer Vorgesetzten geknüpft, aus dem Betriebskomitee auszuscheiden. Sie blieb dabei.

Lidl mag auch in Spanien keinen Widerspruch und stellt die Produktivität über alles. Zwar wurde die Norm beim Kassieren von 50 Scanns pro Minute vor einiger Zeit auf 30 reduziert, doch sie liegt damit noch immer gesundheitsschädigend hoch. In den Lagerbereichen wird die Nutzung der Kommissioniergeräte und damit die Leistung jedes Einzelnen sekundengenau erfasst. »Das geschieht per Funk«, berichtet ein früherer Projektleiter. So lassen sich die persönlichen Kennziffern pro Tag, Woche und Monat ermitteln. In einigen Lagern werden sie ausgehängt, um die Konkurrenz unter den Beschäftigten anzuheizen. Die Zahl der Arbeitsunfälle und beruflich bedingten Erkrankungen an Lunge, Rücken und Hüfte durch zu hohe Belastung ist inzwischen extrem hoch geworden. Der Lidl-Erfolg geht hier besonders deutlich spürbar auf die Knochen.

> »SIE SAGEN, DASS DIE VIDEOÜBERWACHUNG JA NUR ZU UNSERER SICHERHEIT DA IST...«

ANDREAS HAMANN

Späte Distanzierung

Discounter ließ sich von Neonazis bewachen

Die Sicherheitsfirma »Levantina« und das europäische Fascho-Netzwerk

José Luís Roberto Navarro nennt sich Sicherheitschef der Firma »Levantina de Seguridad«. Tatsächlich gehört ihm das Unternehmen, das vor mehr als einem Jahr die Bewachung der Lidl-Filialen in der spanischen Provinz Valencia übernommen hat. Eigentlich ist JLR in seiner Heimat bekannt wie ein bunter Hund, denn er müht sich seit vielen Jahren, eine Integrationsfigur der Ultrarechten zu werden. Öffentlich gibt er sich als Patriot aus, doch gleichzeitig verschafft er seiner Partei »España2000« durch eindeutig rassistische Parolen eine gefährliche Wirkung in einer Gesellschaft mit vielen Verlierern. Da drängen sich Fragen auf, wir haben sie gestellt. »Die Zusammenarbeit wird im Juni 2006 beendet, wir haben diese Zusammenhänge nicht gekannt«, so Lidl-Sprecher Thomas Oberle.

Tamara N. traf der Schock, als sie in ihrem Wohnort Mislata (Valencia) am 9. Mai 2006 die Lidl-Filiale betrat und schon von weitem die Uniform der »Levantina« erkannte. »Wir näherten uns dem Wachmann und hörten, wie er vor Kunden und Angestellten die Opfer des Nationalsozialismus beschimpfte und sich dazu bekannte, Nazi bis in den Tod zu sein.« Ein schwarzes Schaf in einer sonst sauberen Umgebung? Ein Blick hinter die Kulissen der Firma von José Luís Roberto Navarro bringt andere Erkenntnisse. Die »Levantina« ist ein wichtiger Link im Netzwerk der europäischen Rechtsextremen.

Im JLR-Chefzimmer in der Pasaje Ruzafa steht eine Büste des faschistischen Generalissimo Franco, der 1936 gegen die Regierung der spanischen Republik putschte, dem Land einen opferreichen Bürgerkrieg aufzwang, sich mit Hitler verbündete und Spanien jahrzehntelang diktatorisch regierte. Da die Verehrung für Franco bis tief hinein in das konservative Großbürgertum Spaniens reicht, ist die Büste allein zu wenig Beweis für faschistische Gesinnung. Doch Roberto Navarro, bis Juni 2006 der oberste Lidl-Bewacher in Valencia, liefert uns noch ganz andere ideologische Perlen seiner politischen Überzeugungen.

Europa habe die Verpflichtung, sich gegen eine bevorstehende »Invasion der Barbaren« zu wehren, hetzte er im Frühjahr 2003 gegen Immigranten. Das Protokoll eines Chats mit jungen Sympathisanten seiner Partei und der damals entstehenden rechtsextremen Dachorganisation »Spanische Front« liefert umfassende Erkenntnisse über seine Denkweise. Der Partei-

Foto: Hamann

vorsitzende im O-Ton: »Deshalb ist eine kohärente Bevölkerungspolitik notwendig, man muss Europa erneut mit jungen Weißen bevölkern.«

»Adolf Eichmann« im Internet-Chat

Die wirklichen Barbaren tummelten sich an diesem Tag schon im Chat und stellten Fragen als »SkinGirl88«, »Adolfo15« und »Odhin88«. Ein Hinweis: Der Zahlencode 88 steht bei Neonazis für »Heil Hitler«, während die 15 den für die Vernichtungsfabrik Auschwitz mitverantwortlichen Massenmörder Adolf Eichmann meint. Das muss auch der Parteiführer JLR wissen. Dennoch warb er damals weiter für sich und die politische Einheit vor allem mit der Franco-Partei »Falange«. Mit ihr habe er Meinungsverschiedenheiten, »aber nicht so sehr bei den Inhalten«. Und dann ist »Adolf Eichmann« dran, will wissen, was der Chef von »España2000« und »Levantina« vom Nationalsozialismus hält. Der zögert nicht: »Der Nationalsozialismus war zu seiner Zeit eine aktuelle Doktrin, heute hätte sie viele Überarbeitungen nötig«. In der ersten Hälfte des 20. Jahrhunderts wäre er wahrscheinlich Nazi gewesen, biedert sich Roberto an. »Jetzt bin ich es nicht«. Gleich darauf kommt die nächste Avance an die Naziskins. »Wenn der Nationalsozialismus die Möglichkeit hätte, Europa zu regenerieren, würde ich ernsthaft erwägen, die Mitgliedschaft zu beantragen.«

> **»WIR HÖRTEN, WIE DER WACHMANN DIE OPFER DER NAZIS BESCHIMPFTE«**

José Luís Roberto Navarro hat viele Gesichter. Er gibt sich als Pädagoge aus, ist Rechtsanwalt und juristischer Vorstand der Vereinigung der

Eigenwerbung in der Firmenzeitschrift

Bordellbesitzer ANELA. Einige Mal durfte er Gastkommentare in der Zeitung »Levante« schreiben, die Ende 2005 unter der Überschrift »Organisierter Faschismus und Prostitution« mit ihm abrechnete: »Roberto besitzt eine der wichtigsten Sicherheitsfirmen im spanischen Staat, die Levantina de Seguridad. Diese hat zahlreiche Anzeigen wegen Körperverletzung und mehrere ihrer Angestellten sitzen im Gefängnis wegen Delikten wie Drogenhandel, Körperverletzungen, Entführungen und Waffendiebstahl in der NATO-Basis von Bétera, wie aus Daten des Innenministeriums hervorgeht.«

Razzien gegen Einwanderer

Der Levantina-Chef ist ein politisches Chamäleon, spricht sich heute gegen zu viel Nazinostalgie aus. »Unsere ideologischen Prinzipien sind auf eine moderne und populistische Bewegung ausgerichtet«, darf er selbst bei Fernsehdebatten erzählen. Das ist bis heute die Sprachregelung von »España 2000«, die mit Parolen gegen illegale Einwanderung und Slogans wie »Die Spanier zuerst« einen militanten Rassismus befördert. Berüchtigt sind die von JLR angeführten Razzien im Stadtviertel Ruzafa, wo hauptsächlich Einwanderer leben, die beleidigt und angegriffen werden.

Die erste überfallartige Aktion geschah 1997. Beteiligt war auch die inzwischen mehrfach gespaltene »Falange«. Seither kam es immer wieder zu ausländerfeindlichen Übergriffen in Ruzafa. 2002 war der Chef der französischen »Front National« (FN) Jean-Marie Le Pen dabei, zu dem »España2000« enge Beziehungen pflegt. Das europäische Netzwerk der Rechtsextremen funktioniert. Für die Kooperation mit der deutschen NPD ist nach Angaben Robertos die »Falange« zuständig.

Maßgeblich beteiligt an Progromversuchen, Angriffen auf Antifaschisten und neofaschistischen Aufmärschen in Valencia ist die Schutztruppe der Partei »España2000«, die sich »Abteilung für Schutz und Sicherheit« (DPS) nennt. Sie setzt sich zu großen Teilen aus Angestellten der »Levantina« zusammen. Geleitet wird sie von Miguel, dem Sohn Robertos und Juniorchef der Sicherheitsfirma.

Lidl-Bewacher im Killertraining

Zu den vielfältigen Geschäftsfeldern der Firma gehören der Verkauf von Sicherheits- und Spionagetechnik sowie der Betrieb einer Ausbildungsakademie. Das Know-how holt man sich aus aller Herren Länder. So hat der für die Bewachungsteams der Lidl-Filialen zuständige Levantina-Mann José Ángel M. ein Anti-Guerrilla-Training im südamerikanischen Peru absolviert. Gastgeber war die Spezialeinheit »Los Sinchis«, der zahlreiche Morde an Indios und andere schwerste Menschenrechtsverletzungen in den 80er und 90er Jahren nachgewiesen worden sind.

»Wir haben das theoretische und praktische Wissen erworben, genauso wie die körperlichen Fähigkeiten, um die Subversion zu bekämpfen«, berichtet der Lidl-Bewacher in der Firmenzeitschrift »Nosotros« stolz von seinem Aufenthalt im Urwaldort Mazamari, wo die amerikanischen »Green Berets« vor vielen Jahren einen Stützpunkt aufgebaut haben. Der Autor dieser Zeilen kennt eine weitere Anforderung aus erster Hand. »Als Sinchi bekommst du eine Gehirnwäsche und du musst sogar bereit sein, deinen Vater oder deine Mutter zu töten«, gestand vor einigen Jahren in einem langen Gespräch, das in Mazamari stattfand, ein von Gewissensbissen geplagter Offizier dieser Killertruppe.

ANDREAS HAMANN

»WIR HATTEN DAVON KEINE KENNTNIS«

»Wir haben diese Firma seit etwas über einem Jahr hauptsächlich in Valencia beschäftigt, hatten aber keine Kenntnis von diesen politischen Hintergründen. Das Unternehmen Levantina wird schließlich sogar von staatlichen Institutionen beauftragt. Aber wenn wir das von vornherein gewusst hätten, hätten wir anders reagiert. Wir werden die Zusammenarbeit im Juni 2006 beenden.«

(Thomas Oberle, Unternehmenssprecher Lidl am 29. Mai 2006)

Lidl in Portugal

Ex-Geschäftsführer hat den Karrieresprung gemacht

Beschwerden zwischen Fado und Filiale: Mehrarbeit ohne Geld

Olaf Arnaschus verkündigte den Fortschritt: »Auch die Menschen aus Guarda haben das Recht, billiger einzukaufen«, sagte er im Frühjahr 1997 zur Eröffnung eines Lidl-Shops in dieser portugiesischen Stadt. Damals war der Jungmanager bei Lidl in Portugal Geschäftsführer, gehörte zu den Wirtschaftsjunioren in der Deutsch-Portugiesischen Industrie- und Handelskammer. Und er bastelte zwischen Filiale und Fado erfolgreich an der Karriere. Knapp zehn Jahre später betätigt sich der inzwischen 43-jährige Arnaschus an ganz anderer Stelle: Als Vorstandsmitglied der Lidl-Stiftung & Co. KG, die mehr als 6.500 Lidl-Läden in Europa steuert, ist er an den strategischen Entscheidungen der Konzernzentrale zur Expansion maßgeblich beteiligt.

In Portugal tauchten zu seiner Zeit heftige Beschwerden über den Umgang der Vorgesetzten mit dem Personal auf. Die Handelsgewerkschaft im Dachverband CGTP kritisierte, dass Beschäftigte mit befristeten Verträgen, deren Verlängerung anstand, gezielt auf einen eventuellen Schwangerschaftswunsch und die Einstellung zur Gewerkschaft angesprochen wurden. »Lidl will keine Schwangerschaften«, meldete damals die Zeitung »Avante«. Außerdem würde die Arbeitszeit in den Filialen exzessiv ausgedehnt, ohne dass der Discounter die Überstunden bezahle. Bei Inventuren käme es vor, dass sie bis tief in die Nacht dauerten. Dennoch müssten die Beschäftigten vier Stunden später wieder den Dienst antreten.

Startjahr
1995

Filialen
194*

Beschäftigtenzahl
ca. 2.500 (geschätzt)

Umsatz
610 Mio. Euro (2004)

Marktanteil
4,4 Prozent

Discount-Konkurrenz
Knapp 400 Filialen von Minipreço (Carrefour)

* Stand 1.1.06

(Quellen: Planet Retail, eigene Berechnungen)

Geldstrafe wegen Diskriminierung

In Sachen »schwangerschaftsfreie Zone« wurde Lidl wegen Diskriminierung eine Geldstrafe auferlegt, denn die Verstöße gegen die Verfassung und die entsprechenden Schutzgesetze kamen systematisch vor, waren keine Einzelfälle. Als »missbräuchlich und illegal« kritisierte Manuel Guerreiro von der Handelsgewerkschaft auch Jahre später noch, dass Lidl in Personalgesprächen versuche, Gewerkschaftsmitglieder handlungsunfähig zu machen und »umzudrehen«. Bei den großen französischen Ketten in Portugal herrschten im übrigen ähnliche Zustände.

»Ich war scheinbar zu sozial, um bei Lidl eine Zukunft zu haben«, bewertet ein ehemaliger Verkaufsleiter von Lidl in Portugal seine plötzliche Entlassung. »Eines Tages sagte man mir in der Zentrale, mein Profil wäre nicht für die Führungsposition geeignet.« Einer der vielen Hochschulabsolventen, um die Lidl so sehr wirbt, hatte ebenfalls ernüchternde Erkenntnisse: »Die Löhne von Lidl Portugal sind höher als vergleichbare Löhne in anderen Handelsketten. Aber unter dem Strich gesehen wird immer noch mehr gefordert als effektiv bezahlt wird«.

ANDREAS HAMANN

Foto: Hamann

Lidl in Italien

Härtere Maßnahmen, wo Mobbing nicht hilft

Führungsetage hat Angst vor Gewerkschaft

Noch denken die Discounter in Italien, allen voran Lidl, sie könnten sich im Schatten bewegen«, sagt Giuseppe C. (Name geändert) aus Mailand. »Bei den Arbeitsbedingungen verhalten sie sich so, als würde niemand sie sehen. Aber das ist natürlich ein großer Irrtum«. Arbeitshetze, Unterbesetzung in den Filialen, hochflexibler Personaleinsatz und die Produktivität als Maß aller Dinge bestimmen den Arbeitsalltag bei Lidl Italia. Das kann er aus eigener Erfahrung bezeugen.

Giuseppe ist Assistent der Filialleitung, kennt »den Laden« auch aus vielen Kontakten mit anderen Filialen. Als Gewerkschaftsmitglied wünscht er sich eine Vernetzung der rund 3.800 Lidl-Beschäftigten – zum Beispiel über eine eigens dafür eingerichtete Internet-Seite der drei im Unternehmen vertretenen Gewerkschaften.

Zum Zeitpunkt des Gesprächs mit dem Mailänder im Frühjahr 2006 bereiteten die Branchenorganisationen der Dachverbände CGIL, CISL und UIL für den Handel ein landesweites Treffen der Gewerkschaftsdelegierten aus den Filialen vor. Verhandlungen über einen Flächentarifvertrag, die vor drei Jahren ohne Ergebnis abgebrochen wurden, liegen seither auf Eis. Über 300 Läden betreibt Lidl in Italien; bei weitem nicht alle haben eine gewerkschaftliche Vertretung.

»Die Firma tut alles, um dir dass Leben schwer zu machen, wenn du in die Gewerkschaft eintrittst«, weiß Giuseppe aus eigener

Startjahr
1992

Filialen
320* Lidl

Beschäftigtenzahl
3.800 (geschätzt)

Umsatz
keine Angaben

Discount-Konkurrenz
194 Di.Co (Coop), 186 In´s (PAM, Gecos), 180 Penny (Rewe)

Marktanteil aller Discounter
7,5%

* Stand 01.01.2006

(Quellen: Planet Retail, eigene Berechnungen)

Erfahrung. Und dann legt er richtig los: »Du musst als Assistent ständig etwas organisieren, um die Abläufe zu beschleunigen und produktiv zu gestalten. Die Liste der Tätigkeiten ist sehr, sehr lang. Du darfst nie etwas vergessen und durch ständige Kontrollen der Bezirksleiter, die zwei Mal in der Woche auftauchen, wird der psychologische Druck noch verstärkt«.

Die Kennziffer für die Produktivität sei auch bei Lidl Italia das Maß aller Dinge, »viel wichtiger als die Menschen – seien es die Beschäftigten der Firma oder die Kunden. Sie ergibt sich, wenn der Tagesumsatz durch die Zahl der verbrauchten Arbeitsstunden geteilt wird – zum Beispiel 25.000 Euro durch 60 Stunden, das sind dann 416 Punkte. Nur solange der Tagesbericht der Filiale ausweist, dass wir über 350 liegen, ist für die Bezirksleiter alles in Ordnung. Sie haben dann keine Sorge, vom höheren Management in ihrer Tätigkeit in Frage gestellt zu werden. Aber leider basiert das Ergebnis auf unmenschlich harter Arbeit und Stress, weil das Stundenkontingent viel zu knapp bemessen ist.« Die personelle Unterbesetzung erzeuge oft ein sehr angespanntes Klima und Streitigkeiten unter Kunden, weil die Schlangen zu lang werden.

»UNMENSCHLICH HARTE ARBEIT, WEIL DIE STUNDEN VIEL ZU KNAPP BEMESSEN SIND«

Eine Zukunft bei Lidl sieht Giuseppe für sich nicht. Dabei waren seine Erwartungen anfänglich groß, als er noch als Kunde in den Einstellungsformularen am Eingang einer Filiale von einer dynamischen Tätigkeit in Teamarbeit und mit beruflichen Aufstiegsmöglichkeiten las. »Alles richtig, aber um was für einen Preis«, so sein Kommentar heute.

Nach ein paar Jahren werden Menschen aussortiert

Unter den Beschäftigten hat er zwei Grundtypen von Individuen ausgemacht: »Einige merken nach einer bestimmten Zeit, dass sie ausgebeutet werden, verbringen aber ihr Leben mit Jammern, ohne je etwas zu ändern – weil sie Angst haben und weil sie denken, durch ständiges Nachgeben eine Art Treuebonus zu erwerben. Diese Menschen vergessen, dass sie als nutzlos definiert werden, wenn sie nach vielleicht zehn Jahren physisch nicht mehr in der Lage sind zu rennen und schwer zu wuchten. Dann wird man ihnen nahe legen aufzuhören, man setzt sie durch Mobbing so unter Druck, dass sie ihre Kündigung selbst unterschreiben.«

Sich selbst zählt Giuseppe C. eher zum zweiten Typus: »Das sind jene Beschäftigten, die von der Firma Respekt fordern. Sie lehnen ein solches Betriebsklima ab und entscheiden sich, für ihre Rechte einzutreten, zumal im Arbeitsvertrag nicht festgelegt ist, dass ein Lidl-Angestellter ständig rennen und eine hohe Produktivität haben muss. Manchmal werden sie Gewerkschaftsmitglied – wie in meinem Fall – und dann fängt der richtige Kampf erst an. Die Firma tut alles, um dir das Leben schwer zu machen oder provoziert Fehler, die zu Abmahnungen führen. Sie lassen dich die stressigsten und anstrengendsten Schichten machen, und spekulieren darauf, dass du zusammenbrichst. Am Schluss geben viele dieser Leute auf und gehen.«

Wie die junge Frau in seiner Filiale, die vor zwei Jahren Gewerkschaftsmitglied wurde, als Giuseppe noch nicht dazu gehörte. Sie war damals die Einzige, entwickelte aber sehr großen Elan und Durchsetzungskraft. Für eine recht kurze Zeit. Auf ihre Initiative hin wurden Heizungen in die Toiletten- und Waschräume eingebaut. Plötzlich gab es ausreichend Reinigungsmittel und -werkzeuge. Für den Kassenbereich veranlasste sie die Bereitstellung von Fußauflagen. An einem »Schwarzen Brett«, das angebracht wurde, hingen damals zum ersten Mal Informationen der Gewerkschaft. Und dann verschwanden auf einmal auf ungeklärte Weise 200 Euro aus ihrer Kasse und sie erhielt eine Abmahnung. Die Geschichte endete mit der Kündigung der jungen Frau, die danach in einer anderen Stadt eine neue Arbeit fand.

Um so erstaunlicher ist es, dass die Beschäftigten in dieser Filiale sich inzwischen mehrheitlich organisiert und einen Gewerkschaftsdelegierten gewählt haben, der schon kleine Verbesserungen erreichen konnte. »Der einzige Schutz für die Beschäftigten besteht darin, in die Gewerkschaft zu gehen und als Belegschaft zusammenzuhalten«, wirbt Giuseppe für seine Überzeugung, wie sich der Lidl-Alltag menschenwürdig überstehen lässt. »Die Arbeiter haben viele Rechte, aber die Firma Lidl spielt damit, dass eine allgemein verbreitete Unwissenheit darüber herrscht. Viele Beschäftigte ordnen sich unter, befolgen jede Anweisung, aber so läuft das nicht immer. Zum Beispiel muss eine Kassiererin nicht alle Reinigungsarbeiten machen. Für Toilettenreinigung sind nicht so qualifizierte Kräfte einer anderen Gehaltsgruppe zuständig. In den Arbeitsverträgen ist auch kein Akkord vereinbart, deshalb ist niemand wirklich verpflichtet, so schnell zu arbeiten und eine so hohe Produktivität zu haben. Mein Rat ist zu schauen, welche Aufgaben nicht Pflicht sind, da Lidl immer dazu tendiert, die Beschäftigten so richtig auszubeuten bis sie dagegen protestieren.

> »VIELE BESCHÄFTIGTE ORDNEN SICH UNTER, BEFOLGEN JEDE ANWEISUNG, ABER SO LÄUFT DAS NICHT IMMER«

Für ein spezielles Master-Programm, für das Lidl unter Hochschulabsolventen wirbt, hat Giuseppe ebenfalls klare Worte: »Da findet die Auswahl statt, um die Posten der Bezirks- und Regionalleiter sowie höhere Funktionen zu besetzen. Diese Leute wissen allerdings nicht, was sie innerhalb der Hierarchie erwartet. Ich beobachte eine hohe Fluktuation bei den Bezirksleitern. Die haben fast unendliche Arbeitszeiten, müssen zu jeder Tages- und Nachtzeit zur Verfügung stehen und sind zum Teil gezwungen, unkorrekte Maßnahmen wie die Testwagenkäufe zur Kontrolle der Verkäuferinnen und andere schikanöse Maßnahmen anzuordnen. Tun sie das nicht, werden sie vom Regionalleiter niedergemacht.«

Diese Einschätzung trifft sich mit den Erfahrungen eines jungen Mannes, der die Ausbildung zum Bezirksleiter abbrach. Nach Veröffentlichung des »Schwarz-Buch Lidl« Ende 2004 gab er folgende Erlebnisse zu Protokoll: »Aus moralischen und ethischen Gründen unerträglich wurde es, als ich gezwungen wurde, Kassiererinnen, welche »eliminiert« werden sollte, durch systematisches Mobbing zur Kündigung zu bringen. Bei Erfolglosigkeit wurde meine Person und meine Fähigkeiten sofort in Frage gestellt und zu härteren Mitteln gegriffen. In zwei Fällen wurde mir nahegelegt, mit einem Kollegen als Zeugen den Fund geklauter Ware bei einer Taschenkontrolle der Kassiererin vorzutäuschen, damit eine sofortige Entlassung veranlasst werden konnte.«

Die Personalpolitik bei Lidl ist auf Druck und Angst aufgebaut. In einer 100 Seiten starken Anleitung für den Bezirksleiter – auf italienisch »Vademecum del capo settore« – werden die Führungskräfte gegen die Gewerkschaft eingestimmt. Das Schreckenszenario gewerkschaftlichen Einflusses liest sich so: »Klagende Mitarbeiter, geringere Produktivität, weniger Flexibilität, Streiks«. Kassiererinnen, die Mitglied in der Gewerkschaft sind, sollten nach einer Anweisung der Geschäftsführung nicht zu Filialleiterinnen befördert werden. Das berichtet eine frühere Bezirksleiterin in Ausbildung.

ANDREAS HAMANN / SUSANNE STREIF

Die Belegschaft der Lidl-Filiale in Albenga wehrte sich gegen Bevormundung durch Vorgesetzte   *Foto: Rossi*

Offizielles Prädikat: Gewerkschaftsfeind

Arbeitsgericht entscheidet gegen Lidl

In Italien eröffnete Lidl 1992 eine der ersten Filialen in Albenga, Provinz Savona, in Ligurien – und holte sich genau dort in einem Arbeitsgerichtsprozess das Prädikat »gewerkschaftsfeindlich«.

Zu dieser Negativauszeichnung kam das Unternehmen so: Im Verlauf der Verhandlungen um einen landesweiten Tarifvertrag für die Beschäftigten von Lidl legte die Geschäftsleitung in die Lohnabrechnungen für Februar 2003 einen Brief bei, in dem erklärt wurde, dass diese Verhandlungen jetzt gescheitert seien und Schuld daran hätten nur die Gewerkschaften. Das Übliche. Die zuständigen Gewerkschaften und die Vertrauensleute (Delegierte) forderten daraufhin das Personal auf, diesen Brief zurückzuschicken. In Albenga taten dies alle Beschäftigten. Zugleich sollte für den Monat Mai ein Streik organisiert werden.

In der Betriebsversammlung Ende April trat nun der Lidl-Verantwortliche für diesen Bereich, Luca Maglio, sehr provokant auf. Er behauptete, dass die Vertrauensfrau in der Filiale von Albenga, Felicità Magone, ungerechtfertigt Stimmung gegen die Geschäftsführung mache. Sie klage über die Nichteinhaltung der Sicherheitsbestimmungen, wolle selbst aber keine Sicherheitshandschuhe tragen; sie stelle u.a. falsche Behauptungen über die Installation von Überwachungskameras auf. Man solle doch, so Maglio, Vertrauen zu Lidl haben und alle auftauchenden Probleme und alle geplanten Aktivitäten – wie zum Beispiel das Zurückschicken der Briefe – auf jeden Fall zuerst mit der Geschäftsführung besprechen.

> **»KANN DIESE FORDERUNG NICHT ANDERS BEURTEILT WERDEN ALS OBJEKTIV GEWERKSCHAFTSFEINDLICH«**

Der Sekretär der zuständigen Gewerkschaft Filcams/CGIL protestierte gegen dieses Verhalten. Deswegen kam es Anfang Mai zu einem Treffen zwischen ihm, Felicità Magone, Luca Maglio und dem Gebietsleiter von Lidl. Der Gewerkschafter forderte von der Unternehmensleitung eine Disziplinarstrafe für Maglios gewerkschaftsfeindliches Auftreten. Ansonsten käme es zu einem Verfahren gemäß des 'Statuts der Arbeiter', in dem die Rechte der italienischen Lohnabhängigen festgelegt sind. Lidl dachte nicht daran, gegen den Bezirksleiter vorzugehen, sondern beschwerte sich später vor Gericht, dass »die Unternehmensleitung vom Gewerkschaftssekretär bedroht worden sei«.

In seinem Urteil stellte der Richter fest, dass von einer Drohung nicht die Rede sein konnte. Im entscheidenden Punkt wurde der Klage der Gewerkschaft recht gegeben: Der Lidl-Bezirksleiter habe gefordert »von möglichen weiteren Initiativen – wie die Rückerstattung der Briefe (die – nach seinen eigenen Worten – ihm als eine gewerkschaftliche Aktion bekannt war) von vornherein unterrichtet zu werden. In einer solchen Situation kann diese Forderung nicht anders beurteilt werden als objektiv gewerkschaftsfeindlich...«

Und dann weiter: »Man kann aufgrund des Verhaltens dieses Unternehmens, sowohl während des darauffolgenden Treffens mit der Gewerkschaft als auch hier vor Gericht, nicht davon ausgehen, dass diese Forde-

rung eine spontane Äußerung von Maglio war, die nicht auf die Politik des Unternehmens zurückzuführen sei. Nicht nur, dass das Unternehmen keineswegs das Verhalten ihres Angestellten verurteilte, sondern es ergriff auch keinerlei Initiative zur Klärung des Vorfalls....« Die richterliche Entscheidung beinhalte, dass ein solch gewerkschaftsfeindliches Verhalten eingestellt werde. »Daher ordnet der Richter an, dass das Unternehmen die Forderung ihres Verantwortlichen Maglio offiziell zurückzieht und sie als nichtexistent erklärt sowie eine Kopie dieser Entscheidung einen Monat lang in den Schaukasten der Filiale in Albenga aushängt.«

Überwindung der Angst

Die grundsätzliche Bedeutung eines solchen Urteils erklärte Alberto Lazzari, Provinzgewerkschaftssekretär der Filcams, der Gewerkschaft der Beschäftigten in Handel, Tourismus und Dienstleistungen des Dachverbandes CGIL: Es gehe darum, eine Denkweise zu überwinden, die er »degenerierte Arbeitsethik« nennt. Sie setze sich »aus Schuldgefühlen, der Angst, den Ansprüchen nicht zu genügen, und der Identifikation mit den Firmenerwartungen von Lidl entsprechen zu müssen« zusammen. In diesem Fall sei es gelungen, Menschenwürde und Meinungsfreiheit zu verteidigen.

Im Discount-Alltag gelingt das nur selten. Die Lidl-Filialen haben höchstens 15 Mitarbeiter, fast nur Frauen, wenige davon sind gewerkschaftlich organisiert und wehren sich gegen die alltäglichen Schikanen. Nur so sind Arbeitsverhältnisse wie bei Lidl (und anderswo) möglich: Zum Beispiel arbeiten alle niedrigen Gehaltsklassen nur Teilzeit, die genaue Arbeitszeit und die möglichen Überstunden sind gesetzlich festgelegt. Lidl kümmert sich nicht darum, wie Beschäftigte berichten. Im besten Fall erfährt frau ein paar Tage vorher, wann sie Überstunden zu machen hat – und das bei einer Arbeit, bei der in einer Vier-Stunden-Schicht im Schnitt 240 Kunden an der Kasse abgefertigt werden müssen.

Nach dem Gerichtsurteil gab es in Albenga eine gewisse Zeit Ruhe. Dann ging es mit den Schikanen wieder von vorne los. Im Oktober 2004 kam es zum Streik. Auslöser waren besonders üble Formen von Kontrolle: Im Firmenauftrag ging ein Lidl-Angestellter in die Filiale von Albenga, kaufte zwei Kartons mit Waren, öffnete den Boden eines Kartons, stopfte alles mit verschiedenen Kleidungsstücken voll, stellte ihn auf den anderen und kam damit an der Kasse auch durch. Hinterher sollte die Kassiererin fertig gemacht werden. Der Streik gegen diese Methoden war erfolgreich und auch die Kunden waren mit solchen Tricks nicht einverstanden. Und es geht weiter...

Es gab nur eine Regel: Extreme Schnelligkeit

Interview mit Felicita Magone, seit 14 Jahren Lidl-Beschäftigte

Fast von Anfang an dabei ist diese Kassiererin aus Albenga. Bei Lidl Italia sind das knapp 14 Jahre Discounter mit vielen Tief- und einigen Höhepunkten im Berufsleben.

Wie siehst du die Situation der Lidl-Beschäftigten in Italien?

FELICITA MAGONE: Am meisten bestraft durch das Beschäftigungssystem werden die Frauen. Sie haben nicht die geringste Möglichkeit einer Karriere innerhalb des Betriebs. In einer Arbeitswelt, in der die Frauen die Mehrheit der Arbeitskräfte

Felicita Magone   Foto: Lorenzo Rossi

stellen, nimmt nur eine Minderheit von ihnen höhere Funktionen ein. Die wenigen Auserwählten in Filialleiterinnenfunktion werden angehalten, diese Position aufzugeben und sich zurückstufen zu lassen, sobald sie Mütter werden. Lidl-Verkäuferinnen haben derart flexible Arbeitszeiten, dass es oft schwierig ist, eine zweite Arbeitsstelle zu finden. Viele sind gezwungen, vom Gehalt einer Halbtagsstelle zu leben, das oft in den italienischen Städten gerade für die Wohnungsmiete reicht.

Du arbeitest halbtags bei Lidl in Albenga. Welche Erfahrungen haben du und deine Kolleginnen gemacht?

FELICITA MAGONE: Ich bin am 12. Dezember 1992 zusammen mit drei anderen Kolleginnen eingestellt worden. Für fast zwei Monate wurden wir in Filialen anderer Bezirke zur Schulung eingesetzt. Dann im Februar 1993 wurde der Verkaufspunkt in Albenga eröffnet, der erste in der Region Ligurien und im gesamten Nordosten Italiens. Das Personal der Filiale bestand damals aus sieben Kassiererinnen und einem Filialleiter und war damit viel zu gering bemessen.

Bei der Eröffnung wurde unser Laden überrollt von den Kunden. Wir waren gezwungen, viele Überstunden zu machen, die nicht gezählt wurden. Es wurde uns nie das Recht auf geregelte Arbeitszeiten zugestanden. Dabei schreibt das Gesetz ausdrücklich eine eindeutig definierte Arbeitszeit vor. In den besten Fällen wurde der Arbeitsbeginn einige Tage vorher mitgeteilt, manchmal erst wenige Stunden vor Arbeitsbeginn.

Schon beim Einstellungsgespräch war uns erklärt worden, dass Lidl bewusst Halbtagsverträge abschließt: Die Arbeit, die von uns verlangt würde, sei so anstrengend, dass Vollzeit nicht empfehlenswert wäre. In der Filiale mussten wir alle anfallenden Tätigkeiten erledigen, angefangen von der Arbeit an den Kassen über das Ein- und Ausräumen der Regale und bis hin zur Reinigung der Filiale einschließlich der Toiletten. Es gab nur eine Regel: Alles musste in extrem kurzer Zeit gemacht werden. An der Kasse waren die Rhythmen zum Verrücktwerden, die Waren wurden damals noch mit einem dreistelligen Code eingegeben, und in der Nacht träumte man »968....Alkohol, 500 Pasta, 480 Salz...«! Die Arbeitsorganisation war sehr starr und hart; niemand ging auf die persönlichen Belange ein. Am schwierigsten aber war es, den psychischen Druck zu ertragen, der aus dieser Art von Arbeitsorganisation entstand. Das ist alles bis heute ziemlich unverändert die Situation für die meisten Beschäftigten bei Lidl Italien.

Es hat einige Zeit gedauert, bis ihr begonnen habt, euch zu wehren...
FELICITA MAGONE: Ja, 1999 war ein Jahr der Wende. Seit langer Zeit hatten wir unter uns Kolleginnen der Filiale vereinbart, dass wir auf die immer häufigeren Verstöße gegen Arbeitsverträge und unsere Rechte reagieren müssen. Eine lange Zeit haben wir Briefe und Faxe an die Lidl-Zentrale Italien geschickt, um das Management auf die schwerwiegendsten Probleme aufmerksam zu machen.

Im Frühjahr '99, unmittelbar nach dem Wechsel von der regionalen Geschäftsleitung in Mailand zu der nach Bologna, wurde der Druck auf uns verstärkt. Die Produktivität unserer Filiale reiche – so sagten es unsere Manager – nicht mehr aus und müsse gesteigert werden. Anderenfalls sollten wir von uns aus kündigen.

Zu dieser Zeit verschwanden plötzlich die Stühle an den Kassen, so dass wir gezwungen waren, im Stehen zu arbeiten. Auch der Ablauf sämtlicher Tätigkeiten war auf einmal in Frage gestellt. Die Arbeit, die bis dahin in einer bestimmten Art und Weise gemacht wurde, war auf einmal nicht mehr so in Ordnung. Einige wenige haben sich auf die Seite der Geschäftsleitung gestellt, aber die Mehrheit sagte, wir sollten uns wehren. Am 10. Juni 1999 ging ich in die Arbeitskammer meiner Stadt und wurde Gewerkschaftsmitglied in der CGIL. Die meisten meiner Arbeitskolleginnen wählten auch diesen Weg. Wir waren uns darüber im Klaren, dass das ein schwieriger Weg voller Hürden war, aber dass die Alternative bedeutet hätte, sich unterzuordnen oder nur individuell zu reagieren

Wie sind die ersten Lidl-Filialen nach Italien gekommen und wie sieht es heute mit der Firmenpräsenz aus?
FELICITA MAGONE: Lidl hat die Filiale in unserem Ort 1992 eröffnet. Die ersten Filialen überhaupt gab es in der Region Veneto. Lidl-Filialen gab es in den ersten Jahren nur in Norditalien, heute sind sie, soweit ich weiß, bis nach Sizilien gekommen.

Im Jahr 1993 hing im Eingang unserer Filiale noch ein großes Plakat: Lidl ist der günstigste Supermarkt, weil Lidl keine Werbung macht und die billigen Preise an die Kunden weitergibt. Dann aber hatte die Geschäftsleitung sehr schnell den begrenzten Anteil der Discounter-Branche registriert, und sie fingen an, verstärkt in Werbung zu investieren. Ab dem Punkt begann eine starke Ausweitung von Lidl und heute gibt es über 300 Filialen.

Gibt es ein Kommunikationsnetz unter den Lidl-Beschäftigten?
FELICITA MAGONE: Aus gewerkschaftlicher Sicht ist die Situation in Italien nicht allzu rosig. Die Gewerkschaft ist in den Verkaufsstellen noch zu wenig präsent. Dann gibt es noch die drei Richtungsgewerkschaften (CGIL/CISL/UIL), was die Sache nicht einfacher macht. Es fehlt ein richtiges Kommunikationsnetz, es gibt keine Tarifverträge. Hier sollte sich in Zukunft vieles verbessern. Ich denke, auch eine italienische Übersetzung des Schwarz-Buches hätte eine fundamentale Bedeutung für die Arbeitnehmer/innen bei Lidl.

Wie ist der aktuelle Stand der Verhandlungen der Branchenorganisationen von CGIL, CISL, UIL mit der Lidl-Geschäftsleitung Italien?
FELICITA MAGONE: Vor drei Jahren haben die Lidl-Vertreter und die Vertreter der Gewerkschaften nach Gesprächen zum Thema Flächentarifvertrag den Verhandlungstisch verlassen, weil die Arbeitgeber jede Einigung blockierten. Aber wie ich höre, gibt es Bestrebungen von CGIL, CISL und UIL, die Verhandlungsplattform zu aktualisieren und vielleicht schon bald auf neue Verhandlungen zu drängen, weil die gewerkschaftliche Präsenz in den Filialen in letzter Zeit gewachsen ist.

Wie schätzt du die Möglichkeit ein, regelmäßige Arbeitszeiten, bessere Arbeitsbedingungen und Schutz durch gewählte Vertretungen zu erreichen?
FELICITA MAGONE: Mein Rezept, damit Respekt vor dem Recht erreicht wird, ist einfach: mehr Gewerkschaften, mehr Organisation und Einheit unter den Belegschaften. Leider rudert unsere neoliberale Gesellschaft gegen diese Werte.

INTERVIEW: SUSANNE STREIF

Ein Knochenjob, den sonst ein Lagerarbeiter macht

Eine Ex-Verkäuferin aus Italien erinnert sich

Überwiegend werden nur Frauen eingestellt, weil sie sozial betrachtet die schwächeren sind. Sie müssen auch die Arbeiten machen, die normalerweise ein Lagerarbeiter macht: Mithilfe beim Abladen des Lkws, schwerste Europaletten mit der Hand hieven, Waren aller Art wuchten, den Müll und die Kartons entsorgen usw. Weiter geht es in den Verkaufsraum, wo die Waren in Regale verteilt werden, aber nicht auf eine normale Art: Es muss in 15 bis 20 Minuten erledigt werden und die volle Palette ist 2,50 m hoch. Und wenn du nicht schnell genug bist, folgen Abmahnungen und das Durchfilzen. Alle diese Dinge musst du ununterbrochen sechs Stunden machen, auch wenn du als Halbtagskraft eingestellt bist.

Im Vertrag gibt es eine Klausel, die besagt, dass die Arbeitszeit flexibel und elastisch sein kann. Zum Teufel mit der Flexibilität. Es waren immer

Immer recht freundlich !!

zwei Stunden Mehrarbeit. Lidl stellt sich auf den Standpunkt, dass sich die Arbeit gut in vier Stunden erledigen lässt und wenn nicht, weil wir zu langsam sind und daher die Zeit aufholen müssen. Das ist eine große Lüge. Auch weil nach Ladenschluss alles perfekt geputzt werden muss, da die Lidl-Betriebsphilosophie auch die Reinigung der Aufenthaltsräume vorsieht. Darüber hinaus muss der gesamte Verkaufsraum gereinigt werden, mit Besen und Nasswischer, die Kassenzone mit der Hand per Putzlumpen. Dann das Lager, die Toiletten und der Parkplatz.

Als eine Inventur gemacht werden sollte, stand in dem Schreiben an uns, dass wir dafür 2 Stunden brauchen würden, die sich an die normale Schicht anschließen würden. Tatsächlich waren die Frauen der Tagesschicht von 9 Uhr morgens bis 5 Uhr nachmittags im Einsatz, ohne Pause, ohne auf die Toilette zu gehen. Fast überflüssig zu sagen, dass keine einzige Überstunde bezahlt wurde.

»FAST ÜBERFLÜSSIG ZU SAGEN, DASS KEINE EINZIGE ÜBERSTUNDE BEZAHLT WURDE«

Für das gesamte Obst- und Gemüseangebot muss man den vierstelligen Code auswendig können. Und wenn du in den Notizen blätterst, weil du müde bist und dich einfach nicht mehr an den Preis vom 3-Kilo-Säckchen Orangen erinnerst, dann wirst du zusammengestaucht als ob du ein Volltrottel wärst. Schieben wir an der Kasse die Artikel nicht schnell genug übers Band und der Bezirksleiter bemerkt das bei seinen Kontrollen, werden wir zusammengestaucht. Und dann müssen wir Tests durchstehen: Sie täuschen einen Ladendiebstahl vor und kontrollieren gleichzeitig, sie stecken etwas in die Tasche und stellen dich auf die Probe. Wenn sie nicht zufrieden sind, dann ist es Zeit, dir langsam Gedanken zu machen.«

AUFGEZEICHNET VON SUSANNE STREIF

Lidl in Griechenland

Weißer Fleck mit schwarzen Schatten

Potenzielle Gewerkschafter arbeiten mit Risiko

idl: immer billig bei guter Qualität!« schallt es den griechischen TV-Konsumenten regelmäßig entgegen. Dass dieses Werbemotto auch für die Arbeitskräfte gilt, dafür sorgt der Konzern ständig. Zwar liegen nicht aus allen Landesteilen Erkenntnisse über die Arbeitsbedingungen bei Lidl Griechenland vor, doch die regionalen Gewerkschaften der Handelsangestellten in Thessaloniki und Athen, den beiden größten Städten des Landes, haben viele Fakten zur ausbeutungsfördernden Personalführung in den dortigen Filialen zusammengetragen. Aus ihren Berichten und den Beschwerden vor allem ehemaliger Lidl-Angestellter geht hervor, dass der Konzern den geltenden Tarifvertrag systematisch in zwei Punkten unterläuft.

Tarifbetrug bei den Überstunden

Zum einen werden Überstunden untertariflich vergütet. Die Gewerkschaft der Privatangestellten OIYE schätzt, dass mehr als 80 Prozent der Beschäftigten Teilzeitverträge über vier oder sechs Stunden täglich hat. Trotzdem liege der »normale« Arbeitstag eines Lidl-Mitarbeiters um jeweils eine, an Samstagen sogar um 1,5 Stunden höher. Die zusätzliche Arbeitszeit werde mit dem Regelstundensatz und nicht etwa mit dem tariflich geltenden 50-prozentigen Überstundenzuschlag vergütet – und zwar als Schwarzzahlung, also ohne dass der Konzern die eigentlich fälligen höheren Sozialversicherungsbeiträge zahlt. Dem Staat entgingen dadurch Kranken- und Rentenversicherungsbei-

Startjahr
1999

Filialen
120* Lidl

Beschäftigtenzahl
2.000 (geschätzt)

Umsatz
360 Mio. Euro (2004)

Entwicklung
Für 2006/2007 werden insgesamt 50 neue Lidl-Märkte erwartet

Discount-Konkurrenz
327 Dia (Carrefour)

* Stand 01.01.2006

(Quellen: Planet Retail, eigene Berechnungen)

träge in Millionenhöhe, den Angestellten ein guter Teil der ihnen zustehenden Entlohnung und der für die Altersabsicherung nötigen Rentenmarken.

Zweitens sind die Beschäftigten generell Mädchen für alles. Zu ihrem Aufgabenbereich gehört auch das Reinigen der Verkaufsräume und der Toiletten. Das ist nach griechischem Recht untersagt. Für Reinigungsarbeiten im Lebensmittelhandel müssten eigentlich Putzkräfte eingestellt werden, die Lidl sich spart. Über diese klaren Gesetzesverletzungen hinaus ist der Druck auf die Angestellten das größte Problem. In den Lidl-Filialen müsse immer weniger Personal immer mehr Arbeit leisten, berichten Betroffene. Der Konzern, der sich das Ziel gesetzt hat, sein Filialnetz in den nächsten drei Jahren auf über 300 zu verdoppeln, setze in neu eröffneten Läden vorzugsweise Mitarbeiter ein, die ersatzlos aus anderen Filialen abgezogen wurden.

Konzerne erobern den griechischen Markt

All diese Phänomene sind jedoch in Griechenland nicht auf Lidl beschränkt. In anderen Supermarktketten, nicht nur im Discountbereich, klagen die Beschäftigten über ähnlichen Druck und auch dort werden Überstunden untertariflich, mit Freizeit oder gar nicht vergütet. Im Zuge des verschärften Wettbewerbs wird dieser Negativtrend voraussichtlich noch zunehmen. Während in den letzten Jahren schon mehr und mehr »Global Player« wie der weltweit zweitgrößte Handelskonzern Carrefour in den griechischen Markt drängten, wird es demnächst auch im Discountbereich eng. Neben Lidl und Dia (Carrefour) ist hier seit März 2006 auch Plus (Tengelmann) mit ersten Filialen aktiv und Aldi hat seinen Einstieg für 2007 angekündigt. Dass durch diese Entwicklung einheimische Handelsstrukturen stark verändert werden, liegt auf der Hand.

»LIDL IST FÜR UNS IMMER NOCH EIN WEIßER FLECK AUF DER LANDKARTE«

Etwa 600.000 Menschen verdienen in Griechenland ihren Lebensunterhalt im Handel. 250.000 davon sind Unternehmer oder Selbstständige, in überwältigender Mehrheit Besitzer kleiner oder mittlerer Geschäfte. Von den 350.000 im Handel tätigen abhängig Beschäftigten wiederum arbeiten gut zwei Drittel für kleine und mittlere Unternehmen. Nur 110.000 Menschen verdienen ihr Brot bei Großunternehmen und Handelsketten wie Lidl. Laut Tarifvertrag gilt für Werktätige im Einzelhandel die 40-Stunden und 5-Tage-Woche, bei einem monatlichen Bruttolohn von 701,87 Euro (Tarifvertrag 2005). Ein Arbeitsvertrag mit 4-stündiger Arbeitszeit bringt bei 4,21 Euro Stundenlohn gerade einmal knapp 350 Euro Brutto im Monat. Die tägliche Arbeitszeit wird am Stück abgearbeitet, eine Aufteilung in Stunden am Morgen und Stunden am Nachmittag, ist verboten.

Etwa 50.000 Angestellte im Handel sind über ihre Regionalgewerkschaften bei der »Griechischen Gewerkschaft der Privaten Angestellten, OIYE« organisiert. Sie rekrutieren sich fast ausschließlich aus den 110.000

in Großbetrieben Beschäftigten. Die wenigsten von ihnen arbeiten in einer der Lidl-Filialen. »Lidl ist für uns immer noch ein weißer Fleck auf der Landkarte«, so Thanos Vasilopoulos, Generalsekretär der OIYE, im April 2006 »Bisher hat der Konzern jeden Versuch einer Gewerkschaftsgründung auf Firmenebene erfolgreich verhindert. Sobald man auf der Leitungsebene davon Wind bekommen hatte, wurden die potenziellen Gewerkschafter einfach entlassen.« Mit einer Ausnahme. Seit 2002 gibt es eine Vertretung der Lidl-Angestellten im Bezirk Thessaloniki. Die regionale Firmengewerkschaft vertritt derzeit die Angestellten in 19 Filialen sowie im Lagerbereich. In den letzten zwei Jahren hat die Gewerkschaft mit dem Konzern Verträge unterzeichnet, in denen unter anderem drei übertarifliche Urlaubstage, ein 10- bis 15-prozentiger Aufschlag auf den Tariflohn sowie zu Weihnachten und Ostern Geschenkgutscheine für Lidl-Geschäfte festgelegt werden.

Rechtsanspruch auf »Lidl-Aufschlag«

Zwar wird ein 11-prozentiger »Lidl-Aufschlag« auf den Tariflohn auch in anderen Lidl-Filialen bezahlt und auch die Praxis der Geschenkgutscheine für eigene Waren ist bei Lidl griechenlandweit verbreitet. Dennoch hat die Gewerkschaft in Thessaloniki mit der Vertragsunterzeichnung erstmalig aus einer »freiwilligen« Leistung des Konzerns einen Rechtsanspruch der Angestellten schaffen können.

Für die OIYE ist klar, dass die Organisierung der Beschäftigten auf allen Ebenen die einzige Möglichkeit einer wirksamen Interessenvertretung darstellt. »Mit Hilfe der Gewerkschaft konnten auch in der schwierigen Handelsbranche die Angestellten schon einiges erreichen «, kann Thanos Vassilopoulos berichten. »In Unternehmen mit einer funktionierenden Gewerkschaftsorganisation sind die Tarifverletzungen merklich zurück gegangen«.

HEIKE SCHRADER

Foto: Schrader

Wer entlässt schon jemanden wegen einem Cent?

Kleinlich bei Kontrollen, großzügig bei der Auslegung von Gesetzen

Die Arbeit bei Lidl ist Anastasias erste Anstellung überhaupt. Die junge Frau ist auf 6-Stunden-Basis beschäftigt. Eine richtige Einarbeitung habe es nicht gegeben, sagt sie. »In den ersten Tagen hat man mir ein paar Dinge gezeigt. In die Kasse wurde ich nur einmal eingewiesen, am zweiten Tag musste ich allein klarkommen. Am Anfang habe ich jede Menge Überstunden geschoben, um mit dem Pensum fertig zu werden. Der Druck war enorm hoch. Die Stunden habe ich aber bezahlt bekommen.«

Als Verkäuferin eingestellt, ist Anastasia eigentlich Mädchen für alles. »Du musst alles machen. Kasse, Waren einräumen, den Verkaufsraum und sogar die Toiletten putzen. Das heißt, du räumst das Gemüse ein mit denselben Händen, mit denen du eben noch die Toilette geputzt hast. Das ist doch total unhygienisch und sowieso eigentlich verboten.«

»10 BIS 15 MINUTEN, DIE DU JEDEN TAG LÄNGER MACHST, DIE BEKOMMST DU NIE BEZAHLT«

Wenigstens hat sie keinen weiten Weg zur Arbeit. Das kann sich jedoch jederzeit ändern. »Die Filiale, in der ich arbeite, liegt quasi gegenüber von meinem Haus. Allerdings könnte man mich auch morgen schon irgendwo anders hinschicken, da gibt es keine Beschränkung. Meist wird aber versucht, auf Wünsche Rücksicht zu nehmen.«

Unterbezahlte Mehrarbeit sei Standard bei Lidl, berichtet auch Anastasia. »Bis jetzt haben wir bei uns im Laden die Überstunden immer bezahlt bekommen, wenn auch nur zum normalen Stundenlohn und ohne Sozialversicherung. Das hängt aber immer vom Filialleiter ab, in anderen Filialen wird nicht immer bezahlt. Und die 10 bis 15 Minuten, die du jeden Tag länger machst, um die Kasse zu schließen, die bekommst du nie bezahlt.«

Generell wird für Fehlbeträge und fehlende Waren das Personal verantwortlich gemacht. »Jedes Mal wenn bei der Inventur was fehlt – und es fehlt eigentlich immer was – soll das an den Verkäuferinnen liegen. Darüber haben wir uns schon oft beklagt. Natürlich passen wir auch auf, aber wie sollen wir denn kontrollieren, dass sich kein Kunde was in die Tasche oder unter den Mantel steckt? Bei uns ist schon eine Kollegin beschuldigt worden, sie hätte einen Fernseher geklaut. Wie soll denn jemand einen Fernseher unterm Kittel raustragen? Dabei machen die Leiter selbst Fehler. Denen entgehen ganze Paletten beim Abladen der Waren aus den LKWs. Das gibt aber dann keiner zu und wir kriegen es ab.«

Um die Kassiererinnen zu kontrollieren, wird auch in Griechenland mit Testkäufern gearbeitet. »Klar, Testkäufe kommen vor. Aber im Grunde ist das doch Unsinn, ein Kunde würde Waren doch nie so im Wagen verstecken, wie die das tun.« Schlimmer sei aber der Generalverdacht gegenüber den Angestellten.

»Als Verkäuferin stehst du immer im Verdacht zu klauen. Aber wenn du nach Feierabend im Laden einkaufst, steht oft einer draußen, der den Bon sehen will. Ich weiß von einer Verkäuferin aus einer anderen Filiale, die entlassen wurde, weil sie für ihre Einkaufstasche, die 1 Cent kostet, keinen Bon hatte. Vielleicht wollten sie die auch loswerden, wer entlässt schon jemanden wegen 1 Cent. Eine Zeit lang haben sie sogar versucht, unsere Handtaschen zu kontrollieren. Wir haben uns geweigert. In den Handtaschen sind Monatsbinden und solche Sachen, da wollen wir nicht, dass irgendein Fremder reinschaut. Und was kann man denn schon in eine kleine Handtasche reinpacken. Wir haben protestiert. Nach etwa 2 Wochen hat dann keiner mehr versucht, die Taschen zu kontrollieren.«

H.SCH.

Handelsstreik in Athen, an dem sich auch einige Lidl-Beschäftigte beteiligten

»Noch nehmen sie sich in Acht«

Interview mit einem Athener Gewerkschafter, der bei Lidl beschäftigt ist

Takis X. ist einer der ganz wenigen Verkäufer bei Lidl mit einem Vollzeit-vertrag. Durch sein Engagement in der Athener Regionalgewerkschaft der Handelsangestellten weiß er auch über die Arbeitsbedingungen in anderen Filialen Bescheid. Aus nahe liegenden Gründen zieht er es vor, im Interview nicht mit vollem Namen genannt zu werden.

Wie hoch ist der Anteil der Vollzeitbeschäftigten bei Lidl in Griechenland?

TAKIS: Bei Lidl sind eigentlich alle Verkäuferinnen und Verkäufer, also 90 Prozent und mehr der Angestellten, mit Teilzeitverträgen angestellt. Nur Filial-leiter und deren zwei Assistenten haben Vollzeitverträge. Ich bin einer der ganz wenigen Vollzeitbeschäftigten. Genau aus diesem Grund muss ich auch um meinen Arbeitsplatz fürchten. Im Vergleich bin ich nämlich zu teuer.

Werden Überstunden bezahlt?

TAKIS: Ja, aber mit dem normalen Stundenlohn, ohne tariflichen Zuschlag. Das ist nicht nur bei Lidl so, der Tarifvertrag wird in diesem Punkt auch von vielen anderen Unternehmen unterlaufen. Mir ist nur eine Lidl-Fili-ale in Palio Faliro (Stadtteil von Athen an der Küste) bekannt, wo Überstun-den überhaupt nicht bezahlt werden. Das geschieht aber auf Anweisung des Filialleiters; ich glaube nicht, dass diese Direktive von der Firmenleitung kommt.

Gibt es weitere Punkte, in denen Lidl sich nicht an Tarifverträge und Geset-ze hält?

TAKIS: Lidl versucht, Problemen aus dem Weg zu gehen. Ich habe den Eindruck, dass Konflikte mit der Gewerkschaft vermieden werden sollen. Auch wenn es zurzeit keine Firmengewerkschaft gibt, sind ja trotzdem eini-ge Lidl-Angestellte in den regionalen Gewerkschaftsgliederungen der Han-delsgewerkschaft organisiert. Das ist auch mit Sicherheit einer der Gründe, warum Lidl bemüht ist, ein Gesicht zu wahren, das zumindest nicht arbei-terfeindlicher ist als das der anderen Supermärkte.

So gibt es zum Beispiel den »Lidl-Aufschlag« von 11,3 Prozent auf den Tariflohn, der allen Angestellten gezahlt wird. Bei Stundenlöhnen von 4,21 Euro Brutto sind das natürlich nur Almosen. Die Firma macht das, um mög-lichst keinen Ärger mit den Angestellten zu haben.

Inwieweit die Pausen eingehalten werden, hängt vorwiegend vom Filialleiter ab. Den Vollzeitbeschäftigten steht während der Arbeitszeit eine 20-minütige Pause zu. Die auf 6-Stunden-Basis Beschäftigten haben zehn Minuten; gleiches gilt auch für die auf 4-Stunden-Basis Beschäftigten, obwohl das vom Gesetz nicht vorgesehen ist. Nur in zwei Punkten wird prinzipiell das Gesetz gebrochen. Zum einen werden Überstunden schwarz und ohne Zuschlag bezahlt. Zum anderen werden grundsätzlich alle Reinigungsarbeiten von den Verkäuferinnen und Verkäufern vorgenommen, obwohl das griechische Gesetz klar vorschreibt, dass dies im Lebensmittelhandel verboten ist und Reinigungskräfte eingesetzt werden müssen.

Mit welchen Problemen haben es die Beschäftigten noch zu tun?
TAKIS: Eines der größten Probleme ist der ständige Druck. Immer mehr Arbeit soll mit immer weniger Leuten geleistet werden. Lidl plant innerhalb der nächsten drei Jahre auf dreihundert Filialen zu kommen. Dennoch beschränken sich die Neueinstellungen auf ein Minimum.

Ein anderes Problem ist der Generalverdacht gegenüber uns Verkäuferinnen und Verkäufern. Es ist Grundeinstellung der Firma, dass das Personal für die Diebstähle verantwortlich ist, sie entweder selbst durchführt oder nicht gut genug aufpasst, auch wenn das natürlich nicht offen gesagt wird. Dafür wird ständig kontrolliert. In Filialen mit hohen Fehlbeträgen bei der Inventur werden oft Testkäufer eingesetzt. In der Realität kann der Kassierer aber gar nicht auf alles gleichzeitig achten. Unmöglich, dass er schnell die Waren scannt, aufpasst, ob der Kunde nicht irgendwas durchschmuggelt und auch noch darauf achtet, dass sich niemand zwischen den Regalen was in die Tasche steckt. Die hier geltende Leistungsnorm beträgt ca. 25 Waren pro Minute. Aber die gilt nur theoretisch. Das kann auch gar nicht eingehalten werden, wenn man gleichzeitig kontrollieren soll, ob jemand vielleicht versucht zu stehlen.

Der Druck ist jedoch hoch. In der Filiale in dem nördlichen Athener Stadtteil Nea Ionia hat der Filialleiter zum Beispiel für den ganzen Monat Februar 2006 die Stühle an den Kassen entfernen lassen, so dass im Stehen kassiert werden musste. Damit die Kassierer auch wirklich in die Einkaufswagen gucken, wie er sagte.

Sie sagen, dass vieles vom Filialleiter abhängt. Sind die Filialleiter eher auf Seiten der Angestellten oder des Managements einzuordnen?
TAKIS: Die Filialleiter sitzen zwischen den Stühlen. Einerseits wollen sie keinen Ärger mit den Angestellten, andererseits stehen sie ständig unter Druck, die Produktivität der Angestellten zu steigern und die Kosten zu senken. Auch die Filialleiter kommen nicht etwa im Anzug und Krawatte zur Arbeit, sondern im Kittel wie die Verkäufer. Auch sie müssen überall mit Hand anlegen. Natürlich ist es aber ihre Hauptaufgabe, das Personal zu bewegen, schneller zu arbeiten. Es wird auch versucht, sie zu isolieren. Filialleiter und Assistenten werden extra weit weg vom Wohnort eingesetzt. Außerdem werden sie ständig ausgetauscht. Die bleiben oft nur wenige

Monate. Wer zu wenig Umsatz macht oder zu hohe Fehlbeträge bei der monatlichen Inventur hat, wird entlassen. Und die Fehlbeträge bei der Inventur sind ständig zu hoch.

Verkäufer dagegen werden eher selten entlassen. Wenn aber jemand rausgeschmissen werden soll, dann geht das mit beliebiger Begründung. Am einfachsten ist es zu sagen, dass jemand nicht schnell genug ist... nicht genug Waren pro Minute über die Kasse zieht, nicht schnell genug die Regale einräumt. Die Liste lässt sich beliebig erweitern.

Die Gewerkschaft OIYE berichtet, bisher sei es bis auf einen Fall in Thessaloniki noch nicht gelungen, bei Lidl eine Belegschaftsvertretung oder eine Firmengewerkschaft zu gründen. Wie sind Ihre Erfahrungen?
Takis: Unsere Versuche, eine Belegschaftsvertretung zu gründen, sind noch nicht sehr weit gediehen. Bei uns in der Filiale gibt es einen Ansatz, ein Komitee der Angestellten zu gründen, das die Verbindung zur regionalen Branchengewerkschaft, der Athener Gewerkschaft für Handelsangestellte, bilden soll. Bisher hatten wir auch noch keine Probleme, Infomaterial bei Lidl zu verteilen. Ich weiß allerdings nicht, wie das in Zukunft aussehen wird, wenn wir uns energischer um eine Firmengewerkschaft oder Belegschaftsvertretungen bemühen. Noch nehmen sie sich in acht...

INTERVIEW: HEIKE SCHRADER

STREIKERFAHRUNG

»Wir haben uns in den letzten Jahren schon drei, vier Mal an einem Streik der Branche oder einem Generalstreik beteiligt. Damit sind wir vielleicht die einzige Lidl-Filiale in Griechenland, in der schon mal gestreikt wurde. Natürlich sind wir seitdem auf der ›schwarzen Liste‹. Aber bisher haben wir noch keine Schwierigkeiten bekommen. Ich weiß, dass auf einer Regionalleiterversammlung vorgeschlagen wurde, uns zu trennen und in andere Filialen zu versetzen. Aber die Leitung hat entschieden, das nicht zu tun. Mit der Begründung »Besser ist, wir haben in einer Filiale Probleme, als dass wir sie versetzen und dann vielleicht in drei Filialen Probleme bekommen«. Und sie trauen sich nicht, uns zu entlassen, weil sie wissen, dass die Gewerkschaft hinter uns steht. Wenn wir entlassen würden – was illegal wäre, denn man kann nicht entlassen werden, weil man streikt – stünde sofort die Gewerkschaft mit Megafonen vor und im Laden. Das würde nicht in das Bild passen, dass Lidl abgeben möchte. Das gilt natürlich nur bis jetzt. Ich denke, wenn wir einen Schritt weiter gehen, werden auch die Reaktionen härter.«

Takis X., Mitglied der Athener Regionalgewerkschaft
der Handelsangestellten und Verkäufer bei Lidl

Lidl in Frankreich

Lidl-Leid auf Französisch

Aktive Belegschaftsvertretungen im Expansionsland Nr. 1 wehren sich

Lidl France ist mit inzwischen über 14.000 Beschäftigten und mehr als 1.200 Filialen Marktführer bei den Discountern in Frankreich. »Lidl ist ideal«, verkündet der etwas altbackene französische Werbeslogan. Für die Beschäftigten bringen die Arbeitsbedingungen eher Lidl-Leid. Was beim ersten Anblick der Zahlen wie eine Erfolgsgeschichte erscheint, weist beim genaueren Hinsehen die gleichen Symptome wie beim Mutter-Konzern auf: Prekäre, meist weibliche Arbeitsverhältnisse; Interessenvertretungen werden soweit wie möglich bekämpft, um die Belegschaft gefügig zu machen und zur Durchsetzung einer maximalen Produktivität ist fast jedes Druckmittel recht. Auch in Frankreich zeigt sich das System Lidl.

Prekäre Frauenarbeitsplätze

Lidl schafft vor allem prekäre Arbeitsverhältnisse. In den Verkaufsfilialen wechselt ständig die Belegschaft. Ein Blick in die Sozialbilanz des Unternehmens beleuchtet die traurige Realität: Im Laufe des Jahres 2004 bestanden bei Lidl France rund 30.000 Arbeitsverhältnisse. Jedes zweite endete jedoch noch im selben Jahr.

So übersteht die Hälfte aller unbefristeten Neueinstellungen nicht die Probezeit. Hinzu kommen alljährlich rund zehn Prozent der Beschäftigten, die selbst kündigen. Praktisch ebenso viele werden mit mehr oder weniger fadenscheinigen Begründungen rausgeworfen. Vor allem aber ist der massive Rückgriff auf

Startjahr
1988

Filialen
1250*

Beschäftigtenzahl
ca. 14.000

Umsatz
4,9 Mrd. Euro (2005)

Entwicklung
Für 2006/2007 werden 50 neue Filialen erwartet

Discount-Konkurrenz
645 Aldi, 642 Ed (Carrefour), 320 Netto (Intermarché), 393 Leader Price (Casino),

* 01.01.2006 (Quellen: GfK, Lebensmittel-Zeitung, Planet Retail, eigene Berechnungen)

befristete Arbeitsverhältnisse für die hohe Fluktuation verantwortlich. Die Hälfte der während des Jahres 2004 bei Lidl France beschäftigten 30.000 Personen bekam nur einen befristeten Vertrag.

Flexibel, billig und nach Belieben herumzukommandieren, so wünscht sich Lidl vor allem seine Verkäuferinnen. Rund 90 Prozent der befristeten und sogar 95 Prozent der Teilzeitverträge entfallen auf Frauen.

Gewerkschaftsfeindliches Verhalten

Glücklicherweise begrenzt eine aktive Interessenvertretung der Beschäftigten die Willkür des Managements. Gewerkschaften über ihre regionalen Vertrauensleute (délégués syndicaux) sowie gewählte Belegschaftsvertreter (délégués du personnel) und Betriebsräte (comité d'entreprise) pochen auf die Einhaltung von Mindestrechten. Allerdings bedeuten die gesetzlich vorgeschriebenen Instanzen zur Vertretung der Belegschaften keineswegs, dass gewerkschaftsfreundliches Verhalten bei Lidl France an der Tagesordnung wäre. Im Gegenteil.

PREKÄRE ARBEITSPLÄTZE SIND WEIBLICH

• *Von 30.517 Arbeitsverhältnissen, die bei Lidl France im Verlaufe des Jahres 2004 bestanden, waren 15.395 oder 50,5 Prozent als befristete Verträge neu vergeben worden.*

• *17.495 oder 57% aller Arbeitsverhältnisse endeten im selben Jahr. Davon waren 13.390 ausgelaufene Fristverträge.*

• *Zum Stichtag 31.12.2004 beschäftigte Lidl 13.022 Personen in Frankreich. Davon waren 77% Frauen (9.975). Beim Verkaufspersonal (8793) unterhalb des Filialleiters waren sogar 96% weiblich (8453 Verkäuferinnen und Erstverkäuferinnen).*

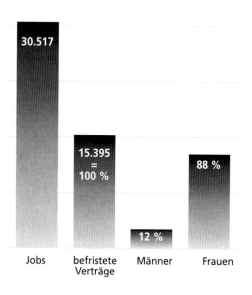

• *Letztlich entfallen 88% der 2004 geschlossenen Fristverträge (15.395) auf Frauen (13.560) und 95% der 8.988 Teilzeitbeschäftigten waren weiblich (8.577).*

(Quelle: Sozialbilanz von Lidl France)

Silver Gning, Filialleiter und Gewerkschafter Foto: Vellay

Zahlreiche Zeugenaussagen belegen, dass die Unternehmensleitung systematisch versucht, den Interessenvertretern das Leben schwer zu machen. So berichten beispielsweise Gewerkschafterinnen aus dem Pariser Nordwesten, dass Kandidatinnen, die im April 2005 bei der Wahl zur Belegschaftsvertretung nicht erfolgreich waren, zu Personalgesprächen vorgeladen wurden, als der Kündigungsschutz ausgelaufen war. »Es wird sehr schwer werden, Lidl daran zu hindern, sie irgendwann unter einem Vorwand hinaus zu werfen«, so eine CGT-Vertreterin.

Lidl sät Terror

Ein Filialleiter aus dem Norden Frankreichs bestätigt: »Wer widerspricht, nicht alles mit sich machen lässt und noch keinen geschützten Status durch ein Mandat hat, den versuchen sie mit allen Mitteln auszuschalten. Meine Erfahrung ist: Die Firma Lidl sät Terror. Sie finden sicher einen Fehler.«

> »WENN SIE NUR LANGE GENUG SUCHEN, FINDEN SIE IMMER ETWAS«

Doch selbst gewählte Belegschaftsvertreter werden oft Opfer von Lidl-Attacken. Zwar versucht das Management seltener, diese direkt zu entlassen, da Mandatsträger in Frankreich einem gesonderten Kündigungsschutz unterliegen. Das Management zieht es vor, die Menschen mit Einschüchterung und Mobbing zu zermürben. Dabei wird auch direkt bei der Geldbörse angesetzt. Ein beliebtes Disziplinierungsmittel ist die Suspendierung vom Dienst. So berichtet ein gewählter Belegschaftsvertreter aus Lyon, dass er schon mindestens zehn Mal suspendiert worden sei.

»Sie suchen einen Fehler bei dir und dann setzen sie dich für einen, zwei oder drei Tage vor die Tür, als Sanktion. Natürlich mit entsprechendem Lohnabzug. Nichts ist einfacher, als ein berufliches Fehlverhalten zu finden: zum Beispiel mangelnde Regalbestückung. Dies ist besonders perfide, denn als Belegschaftsvertreter in der Region wird man häufig von Beschäftigten angerufen, um ihnen in Disziplinargesprächen beizustehen. Da passiert es im eigenen Laden schnell mal, dass der Nachschub bei einem Produkt stockt. Oder sie machen eine Kontrolle der Mindesthaltbarkeitsdaten. Wenn sie nur lange genug suchen – und bei unliebsamen Belegschaftsvertretern nehmen sie sich die Zeit – finden sie immer etwas.«

Normalerweise führt die dritte Suspendierung vom Dienst automatisch zum Entlassungsverfahren. Nicht so bei den geschützten Arbeitsverhältnissen – mit der Kehrseite, dass sich dort die Zwangsbeurlaubungen häufen.

»WENN ES IHNEN NICHT PASST, SIE SIND DOCH FREI: GEHEN SIE!«

»Das Management von Lidl weiß ganz genau, dass man sehr schnell den Druck des Ehepartners im Nacken hat, wenn einem als Filialleiter regelmäßig 300 Euro in der Lohntüte fehlen«, so der Kollege aus Lyon. Zum Lohnausfall aufgrund des Zwangsurlaubs gesellt sich der Abzug der monatlichen Anwesenheitsprämie. Bei dem schmalen Anfangsgehalt von 917 Euro einer Verkäuferin fallen die 47 Euro Prämie deutlich ins Gewicht. »Einem Kollegen von mir, so wie ich regionaler Belegschaftsvertreter, reichte es eines Tages und er ist bei Lidl ausgestiegen.« Das ist keinesfalls ein Einzelfall. Immer wieder kommt es vor, dass gewählte Interessenvertreter, zum Teil nach jahrelangen Prozessen, der ständigen Drangsalierung müde werden und eine neue Arbeitsstätte suchen.

DEMENTI AUS STRASBOURG

In einem Schreiben der Geschäftsführung von Lidl France mit Sitz in Strasbourg hat diese den Vorwurf, man sei billig auf Kosten der Beschäftigten und behindere die Interessenvertretungen, als völlig haltlos zurückgewiesen. Insbesondere sei das Lohnniveau bei Lidl eines der wettbewerbsfähigsten (!) in der Branche und der Sozialdialog mit den 500 Beschäftigtenvertretern würde vollständig seine Mission erfüllen. Der Brief datiert vom 7. März 2006.

Dass sich die Situation seit der Einrichtung der gesetzlich vorgeschriebenen Interessenvertretungen tatsächlich in einigen Bereichen verbessert hat, wird auch von den Vertretern der drei größten Gewerkschaften CFDT, FO und CGT bestätigt. Der jahrelange Einsatz der Gewerkschafter hat u.a. auch zu einer stärkeren institutionellen Absicherung der Interessenvertretung über Betriebsvereinbarungen geführt. Diese und andere positive Elemente kontrastieren aber umso mehr mit der gewerkschaftsfeindlichen Praxis insbesondere in den Filialen, mit der Lidl versucht, jeden Ansatz von Widerstand gegen unsoziale Arbeitsbedingungen zu ersticken.

Allerdings beißt sich die Lidl-Führung auch an so manchem Gewerkschafter die Zähne aus. Aus einer Regionaldirektion im östlichen Teil Frankreichs berichtet ein Belegschaftsvertreter, dass der Direktor ihn eines Tages zu sich rief: »Ich verstehe Sie nicht. Sie attackieren uns ständig. Wenn es Ihnen nicht passt, Sie sind doch frei: Gehen Sie!« Allerdings war der Chef mit dieser »Empfehlung« an der falschen Adresse. Der Kollege entdeckte nun als Gewerkschafter eine neue Berufung. Als selbstständiger Kürschner hatte er früher selbst fünf Angestellte beschäftigt, bevor er vor acht Jahren bei Lidl anfing. »Die Supermärkte verdrängen überall das Handwerk und die kleinen Läden«, ist seine Erfahrung. Dabei sind die französischen Lidl-Filialen meistens selbst nicht sehr groß. Das französische Recht sieht Anhörungs- und Genehmigungsverfahren für Geschäfte mit einer Verkaufsfläche ab 300 Quadratmetern vor, da Billigketten wie Lidl mancherorts ob ihres Verdrängungseffekts auf Widerstände der lokalen Bevölkerung stoßen. Um sich dem zu entziehen, eröffnet die Geschäftsführung von Lidl häufig kleinere Discount-Läden.

»Ich musste mich ganz schön umstellen. Das Management bei Lidl ist inhuman. Alles was sie interessiert ist Umsatz, Produktivität und Personalabbau. Nur das Geld zählt«, fährt der ehemalige Kleinunternehmer fort. Daran wollte er sich nicht einfach anpassen.

»Als Belegschaftsvertreter bei Lidl hat man jede Menge zu tun. Es vergeht kaum ein Tag, an dem ich nicht von Kollegen wegen Mobbing durch Vorgesetzte, Vorladungen zu Entlassungsgesprächen etc. angerufen werde.« Ein Problem liegt ihm ganz besonders im Magen. »Seit Jahren versuchen wir eine Betriebsvereinbarung über die Schaffung von Umsetzarbeitsplätzen abzuschließen. Jedes Jahr werden bei Lidl etwa 100 Personen arbeitsunfähig geschrieben und in der Folge entlassen, da Lidl die Einrichtung solcher Arbeitsplätze verweigert. Es ist ein Skandal, dass sich die Kollegen jahrelang den Rücken zerschinden und dann auf der Straße landen.«

Die extremen Leistungsvorgaben in Verbindung mit der chronischen Unterbesetzung führen bei Lidl nach Angaben der Zeitung »Nouvel Observateur« zu einer dreifach höheren Anzahl von Arbeitsunfällen als in vergleichbaren Betrieben. Darüber hinaus zeitig-

»PRODUKTIVITÄT UM JEDEN PREIS, DASS IST DAS GROSSE LEITWORT«

ten die Unfälle beim deutschen Discounter schwerwiegendere Folgen. So im Fall von Mickaël Goguillon, der im Lager von Montceau-les-Mines wegen einer fehlenden Sicherheitsbarriere verunglückte. Der Regionalleiter von Lidl musste sich daraufhin vor Gericht verantworten und wurde im März 2003 wegen Nichteinhaltung der Sicherheitsmaßnahmen zu drei Jahren Gefängnis und 45.000 Euro Geldstrafe verurteilt.

Die Vernachlässigung der Arbeitssicherheit ist nur ein extremer Ausdruck des Systems Lidl in französischem Gewand: Auf dem Rücken der Beschäftigten betreibt Lidl seine unentwegte Suche nach Produktivitätsrekorden bei gleichzeitiger Minimierung der Kosten. »Unsere Provision als Filialleiter ist an die Produktivität gebunden«, berichtet ein Beschäftigter aus der Bretagne vom Lidl-Arbeitsalltag. »Wir sollen die Frauen dazu anhalten, immer schneller zu kassieren, die Waren schneller in die Regale einzusortieren und im Akkord zu putzen.« Wer nicht mitspielt, dem wird ins Portemonnaie gegriffen: Schon eine Negativabweichung von einem Prozent bei der Inventur führt zur Annullierung der Umsatz- und Produktivitäts-Prämie der Filialleiter.

»Produktivität um jeden Preis, dass ist das große Leitwort«, resümiert auch eine Verkäuferin aus dem Pariser Vorstadtgürtel ihre Situation bei Lidl. »Je höher die Produktivität ist, desto mehr sind sie da oben zufrieden, und desto mehr rennen wir hier unten.« Auch die jüngste Idee der Lidl-Geschäftsleitung, die Ladenöffnungszeiten auf den Sonntag auszudehnen, dient der Produktivitätserhöhung zu Lasten des Personals. Das Pilotprojekt ist zunächst auf Paris beschränkt. »Da wird es erneut zu einer Kraftprobe kommen«, kündigt ein Gewerkschafter aus der Hauptstadt an.

CLAUDIUS VELLAY

INTERESSENVERTRETUNG BEI LIDL FRANCE

Die letzten Wahlen bei Lidl France zum nationalen Betriebsausschuss (comité d'entreprise), der bei den Mitspracherechten am ehesten mit dem deutschen Betriebsrat vergleichbar ist, fanden im April 2005 statt. Die getrennten Wahlgänge für Arbeiter und Angestellte, Meister und technische Angestellte, sowie leitende Angestellte ergaben zusammengenommen folgendes Ergebnis: CFDT: 26% (4 Sitze), FO: 21% (4), CGT: 20% (3), CFTC: 15% (1), UNSA: 7% (1), CGC: 2% (1), freie Listen: 9% (1). Die auf der Ebene der Regionen durchgeführten Wahlen von Belegschaftsvertretern (délégués du personnel) ergaben folgendes Ergebnis: CFDT 45 Belegschaftsvertreter, FO 30, CGT 27, CFTC 9, UNSA 4, CGC 3, freie Listen 4.

Französische Gewerkschaftsverbände

Außer den drei großen Dachverbänden CFDT (Confédération Française Démocratique du Travail), CGT-FO (Confédération Générale du Travail – Force Ouvrière), CGT (Confédération Générale du Travail), sind noch drei kleinere Gewerkschaften bei Lidl vertreten: CFTC (Confédération Française de Travailleurs Chrétiens – christlicher Gewerkschaftsbund), CFE-CGC (Confédération Française de l'Encadrement – Confédération Général des Cadres – Angestelltengewerkschaft) und UNSA (Union Nationale des Syndicats Autonomes – bisher nicht auf nationaler Ebene staatlich anerkannte jüngere Gewerkschaft).

Das Fass lief über: Längster Konflikt im Einzelhandel

Ein Streik, der Lidl veränderte

1998 streikten die Beschäftigten von zwei Lidl-Märkten der Pariser Region für mehr als einen Monat und lösten landesweite Solidaritätsaktionen aus. Ein Konflikt dieser Größenordnung im französischen Einzelhandel war und ist einzigartig.

»Sicher gibt es nach wie vor viele Beschwerden. Dennoch sage ich meinen Kolleginnen oft, dass sich doch manches verbessert hat seit dem großen Streik.« Der Leiter der Lidl-Filiale in der Pariser Vorstadt Romainville, Silver Gning, weiß, wovon er redet. Er gehört mit seinen 11 Jahren Betriebszugehörigkeit zu den alten Hasen bei Lidl. »Als ich 1995 bei Lidl als Filialleiter anfing, das war die Hölle. Ohne Erfahrung sollte ich mit nur einer Verkäuferin den Laden schmeißen. Ich fing um 5 Uhr an und hörte nicht vor 22 Uhr auf. Das war ein einziges Rennen und ich kam nie hinterher.« Heute treten zwar auch Probleme beim Thema Mehrarbeit auf, aber zumindest gibt es eine theoretische Vorgabe von 42 Wochenstunden für einen Filialleiter. »Jeden Tag bin ich damals auf die Toilette gegangen, um mich im Stillen auszuheulen. Eines Tages nahm Aline mich dann beiseite: ›So geht es nicht

Presseecho auf den Streik   Foto: CGT

weiter, Silver. Du musst dich in der Gewerkschaft organisieren.‹ Seitdem bin ich in der CGT«. Seine Kollegin Aline C., seit 12 Jahren Verkäuferin bei Lidl, bestätigt: »Wenn du dich nicht organisierst, dann gehst du hier unter.«

Wenn die 47-jährige alleinstehende Mutter von drei Kindern von den Anfängen erzählt, schwingt ein wenig Stolz in der Stimme mit. Sie ist gewissermaßen eine der Initiatorinnen der CGT bei Lidl France. »Damals haben wir in kleinen Schritten begonnen, die Gewerkschaft bei Lidl aufzubauen. Zuerst in der Pariser Region. Ohne die Gewerkschaft hätten wir auch den entscheidenden Arbeitskampf 1998 kaum durchstehen können.«

Das Gewerkschaftsblatt berichtete

In Handschellen abgeführt

Zur Ausgangslage 1998: Übereinstimmend berichten Interessenvertreter aus ganz Frankreich, dass der Vorwurf des angeblichen Diebstahls damals wie heute ein beliebtes Mittel für die Lidl-Geschäftsführung darstellt, unbequeme Mitarbeiter loszuwerden. Bis eines Tages das Fass überläuft und die Revolte ausbricht.

Am 15. September 1998 durchsuchte die Polizei – ergebnislos – die Wohnungen von vier Beschäftigten einer Lidl-Filiale der nördlichen Pariser Vorstadt Rosny-sous-Bois. Die Beschuldigten wurden in Handschellen abgeführt. Lidl warf ihnen vor, für 55.000 Euro Waren entwendet zu haben. So hoch war in den acht Monaten zuvor der Inventurverlust im Non-Food-Bereich ausgefallen. Nach Leibesvisitationen und stundenlangen Verhören wurden sie erst am Abend wieder aus der Haft entlassen. Das Verfahren wurde eingestellt und der Diebstahlsverdacht als unbegründet fallengelassen. Für Lidl jedoch war dies nur das Vorspiel.

Lidl schmeißt raus

Am Folgetag kündigt die Geschäftsleitung den vier Beschäftigten fristlos, wegen des angeblichen Verdachts auf schwerwiegendes Fehlverhalten. Dabei ist völlig klar, dass die absurde Geschichte konstruiert war: Jeder der vier hätte täglich für rund 100 Euro T-Shirts oder Schuhe entwenden müssen, und dies über acht Monate hinweg – ohne dass der ständig anwesende Wachposten irgendeinen Verdacht geschöpft hätte.

Unter Mithilfe des gewerkschaftlichen Vertrauensmanns der CGT, Silver Gning, beginnen Kollegen aus der Belegschaft Protest-Flugblätter an die

Lidl-Kunden zu verteilen. Die Regionaldirektion von Lidl sieht rot und will mit aller Härte den aufkeimenden Protest ersticken. Der zum »Rädelsführer« erkorene Silver Gning, Filialleiter in der Nachbarkommune Romainville, wird mit unmittelbarer Wirkung vom Dienst suspendiert und ein Entlassungsverfahren gegen ihn eingeleitet. Das bringt das Fass endgültig zum Überlaufen: die Kolleginnen beider Lidl-Filialen werfen die Brocken hin und es beginnt der längste Streik im französischen Einzelhandel.

34 Tage Streik für Menschenwürde

»Sie hatten sowieso nur auf eine Gelegenheit gewartet, uns loszuwerden. Als Gewerkschaftsmitglied ist man ihnen nicht fügsam genug«, erklärt Silver. Darüber hinaus suche das Unternehmen Kosten zu sparen, indem es sich von langjährigen Mitarbeitern trennt. Aline bestätigt: »Nur wenige können bei Lidl so lange dabei bleiben wie wir. Einer der Gründe für den schnellen Wechsel beim Personal liegt darin, dass Lidl ständig auf der Suche danach ist, Kosten zu sparen.«

Mit der Gewerkschaft begannen sie die Gegenwehr zu organisieren. Beim gesetzlich vorgeschriebenen Entlassungsgespräch wurde Silver von 100 Demonstranten begleitet. Die Regionalleitung von Lidl verbarrikadierte sich hinter einem Polizeikordon und vollzog ohne Anhörung die fristlose Entlassung.

Auch während des Arbeitskampfes versuchte Lidl ständig den Streik zu kriminalisieren und per Gerichtsbeschluss aussetzen zu lassen. So sandte das Unternehmen einen Gerichtsvollzieher, der beim Verbotsantrag bestätigen sollte, dass die Streikenden der Kundschaft den Zugang zum Geschäft verweigert hätten. Die Lidl-Kollegen bemühten sich, keinerlei Vorwände zu liefern, auch wenn dies den Streik komplizierter gestaltete. So können die Streikenden zwar Flugblätter verteilen sowie per Transparent den Streik verkünden, nicht jedoch einfach den Eingang blockieren. Sie haben nur das Recht, ihre unmittelbaren Arbeitsmittel stillzulegen.

> **»ES KAM DARAUF AN, LIDL KEINE MÖGLICHKEIT ZU GEBEN, DEN STREIK ZU UNTERLAUFEN«**

Dies war auch nötig, denn Lidl entsandte Streikbrecher. Da es jedoch keine freie Kasse gab, an der sie hätten kassieren können, musste sich die potenzielle Kundschaft mit einem Flugblatt zufrieden geben. »Es kam darauf an,« erinnert sich Streikführerin Aline, »Lidl keine Möglichkeit zu geben, den Streik zu unterlaufen. Darin haben uns auch die Kämpfe, bei denen wir uns nicht gegen Lidl durchsetzen konnten, bestätigt, wie z.B. beim Konflikt um die Videoüberwachung im Lager von Nantes im letzten November. Die effektive Blockierung der Arbeitsstätten ist entscheidend. Daher haben wir damals den ganzen Tag, von der Öffnung bis zum Ladenschluss, unsere Kassen besetzt.« Auf den Streikenden lastete ein mächtiger Druck.

Die Anwohner zeigen Solidarität

»Ohne die vielfältige Unterstützung der anliegenden Bevölkerung hätten wir die 34 Tage kaum durchgehalten,« stellt Aline fest. Dabei weiß sie, selbst in unmittelbarer Nähe des Ladens wohnend, sehr wohl um die schwierigen sozialen Bedingungen vieler Anwohner, die vor allem wegen der niedrigen Preise bei Lidl einkaufen gehen. Mitten im sozialen Brennpunkt gelegen, bekommen die Beschäftigten die Auswirkungen der sozialen Misere voll zu spüren. Fünfmal ist die Filiale in Romainville schon Opfer eines Überfalls geworden. Und als im November 2005 Jugendliche an vielen Orten Frankreichs Autos abfackelten, um ihrem Protest gegen die sozialen Verhältnisse Ausdruck zu verleihen, da brannte es auch auf dem Lidl-Parkplatz von Romainville.

Während des Streiks sieben Jahre zuvor zeigten sich nicht nur die Anwohner solidarisch, die 5000 Unterschriften sammelten. Auch die örtlichen Politiker stellten sich demonstrativ auf die Seite der Lidl-Beschäftigten. So wurden die Streikenden beispielsweise von der kommunistisch geführten Kommunalverwaltung kostenlos mit Mittagessen versorgt. Eine Unterstützung von nicht nur symbolischem Wert, zumal die Gewerkschaften in Frankreich keine Streikgelder zahlen.

Landesweite Arbeitsniederlegungen

Doch nicht nur lokal erfuhren die Kolleginnen und Kollegen Unterstützung. Unter Beteiligung mehrerer Gewerkschaften kam es zu einer landesweiten Welle der Solidarität. »Überall bei Lidl,« so ein damals Beteiligter, »kennt man das Problem des konstruierten Diebstahlsverdachts.« Ob im nördlichen Lille, im östlichen Metz, im westlichen Nantes, oder im südfranzösischen Marseille, an über einem Dutzend Lidl-Standorten kommt es zu ein- bis zweitägigen Arbeitsniederlegungen, mit der Forderung nach Wiedereinstellung der Entlassenen in den beiden Filialen der Pariser Vorstadt.

Im Lidl-Lager von Rousset zwischen Aix und Marseille, einer Hochburg der CGT, weitete sich die anfänglich reine Solidaritäts-Arbeitsniederlegung zu einem eigenständigen Streik für Lohnerhöhungen, Neueinstellungen und bessere Arbeitsbedingungen aus. Zeitweise besetzten die streikenden Kollegen sowohl ihr eigenes Lager, als auch den örtlichen Rangierbahnhof und das provisorische Zweitlager. Nach 15 Tagen Streik wurde ein staatlicher Schlichter eingesetzt und Lidl begann zu verhandeln.

Zweite Streikfront in Südfrankreich

Auch in Südfrankreich hätten sich die Streikenden wohl ohne Solidarität von außen kaum so lange halten können. Der Parlamentsabgeordnete und Bürgermeister der benachbarten Stadt Gardanne, Roger Mei, wandte sich sogar in einem Protestbrief an das französische Arbeitsministerium. Die

Anwohner brachten Essen und sammelten Geld für die Streikenden. »Die meisten von uns waren damals noch sehr jung und ohne Familie. Dennoch war es nicht einfach, finanziell über die Runden zu kommen,« berichtet der Lagerarbeiter Frédéric Blanc. »Mir hat meine Mutter ausgeholfen, und dann gab es noch einen Soli-Fonds der CGT. Damit haben wir durchhalten können.« Länger jedenfalls als Lidl. Am Ende erreichten sie sogar, dass – zusätzlich zur erkämpften Lohnerhöhung – der Lohnausfall erstattet wurde und Lidl zehn Neueinstellungen vornahm, um den Arbeitsdruck zu mildern.

Die Wende: Ein »Besuch« in Strasbourg

Noch nicht erfüllt war jedoch die Ausgangsforderung: die Rücknahme der Entlassungen in den Lidl-Filialen der Pariser Vorstadt. Dort musste weiterhin gestreikt werden. Die Wende setzte erst ein, als die Beschäftigten am 21. Oktober einen Bus nach Strasbourg zum Sitz der französischen Firmenzentrale von Lidl charterten. Doch auch dort mussten die 60 Delegierten aus der Pariser Vorstadt erst der Pilot-Filiale aus der Anfangszeit der Lidl-Expansion in Frankreich einen »Besuch« abstatten, bevor sich die Geschäftsführung zur Verhandlung bequemte.

Schließlich setzten sich die Streikenden durch: Die Entlassungen wurden aufgehoben. Es folgten Verhandlungen zu Lohnerhöhungen und Verbesserungen der Arbeitsbedingungen. Der Respekt der Menschenwürde und das Recht zur gewerkschaftlichen Organisation wurden verbindlich festgeschrieben. Auch konnten Lohnverluste aufgrund der 34 Streiktage abgewendet werden. Die materiellen Erfolge sind jedoch nur eine Seite des Kampferfolges. »Das Wichtigste für uns war, dass wir seitdem respektiert werden und man uns zuhört«, fasst der gewählte Belegschaftsvertreter und Beisitzer am Arbeitsgericht, Frédéric Blanc, das Ergebnis aus Sicht der südfranzösischen Lagerarbeiter zusammen. »Seit diesem großen Streik hat sich das Arbeitsklima bei Lidl deutlich verbessert. Vorher wurde man ständig gegängelt und kontrolliert. Unsere Meinung war völlig uninteressant. Heute werden wir ernst genommen.« Dies sieht auch Silver so: »Durch diesen ersten großen Streik bei Lidl haben wir doch einiges gewonnen. Lidl musste zur Kenntnis nehmen, dass wir uns zu wehren wissen.«

CLAUDIUS VELLAY

Foto: CGT

Auch Lidl-Beschäftigte demonstrieren für bessere Löhne

Mobbing und Diskriminierung:

Ein Bezirksleiter aus dem Südwesten klagt an

Thierry Minard ist als Lidl-Bezirksleiter verantwortlich für fünf Filialen im äußersten Südwesten Frankreichs, und Gewerkschaftsmitglied bei UNSA (Nationaler Verband Unabhängiger Gewerkschaften). Von seiner Position im mittleren Management von Bordeaux aus greift er die unerträglichen Missstände in der Personalführung bei Lidl an.

In einem Brief an den französischen Lidl-Geschäftsführer Pascal Tromp beschreibt Minard, wie er als ein »treuer Angestellter von Lidl mit 12 Jahren Zugehörigkeit zur Firma« und »starker Unternehmensidentifikation« durch die Management-Praktiken von Lidl quasi in die Gewerkschaft getrieben wurde. Er könne »abscheuliche Arbeitsbedingungen, Machtmissbrauch, Mobbing und die Praxis des Glattbügelns von Überstunden« nicht länger mittragen.

Lidl-Markt in Paris   *Foto: dpa*

Als Gewerkschaftsvertreter hätte er Gelegenheit gehabt, »mit unvermutet vielen Beschäftigten in äußerster Bedrängnis zu reden. Mit Verkäuferinnen und Erstverkäuferinnen, die von ihrem Bezirksleiter terrorisiert und gedemütigt werden und die ihre Zeugenaussagen unter Tränen vortrugen.« Der zuständige Regionalleiter mache die Drohung zu seinem bevorzugten Führungsinstrument, verweigere jeden Respekt und sei völlig unfähig zum Dialog.

Als Reaktion auf den Brief teilte der in die Kritik geratene Manager dem leitenden Angestellten Thierry Minard lediglich mit, dass seine »Tage bei Lidl gezählt seien«. Tatsächlich suspendierte die Lidl-Geschäftsleitung Minard und leitete seine Entlassung ein. Wie schon in einem ersten Kündigungsverfahren einige Monate zuvor, wurde die Suspendierung jedoch von der staatlichen Arbeitsaufsicht als genehmigungspflichtig zurückgewiesen. Minard stehe als Interessenvertreter ein besonderer Kündigungsschutz zu. Der leitende Angestellte musste ab 9. Februar 2006 wieder von Lidl beschäftigt werden.

Besonders störte die Lidl-Führung, dass der Bezirksleiter über die Medien die Öffentlichkeit unterrichtete. »Dabei schildere ich nur meinen Fall, dass ich unter das Strafrecht fallende Praktiken des Mobbings und der Diskriminierung bei Lidl aufgezeigt habe und als einzige Reaktion darauf zur Entlassung vorgeladen wurde.«

Diskriminierung schon bei der Einstellung

Im Einzelnen protestierte Thierry Minard gegen diskriminierende Auswahlkriterien bei der Neuanstellung, wie sie aus einer internen Dienstanweisung hervorgingen. Demnach sollen nur Personen eingestellt werden, die folgende Kriterien erfüllten: »homogener Körperumfang, 18-30 Jahre alt, nicht zu klein, nicht aus sozial schwierigen Vierteln stammend, keine Männer, keine alleinstehenden Frauen mit Kindern«. Zum letzten Kriterium sei Thierry Minard mündlich erklärt worden, dass es sich bei solchen Frauen um »potenzielle Diebinnen« handele, da sie über geringe Ressourcen verfügten. Das Gleiche treffe für männliche Verkäufer zu. Bei den verheirateten Frauen sei dies anders, da diese ja nur ein »Zubrot« zum Familieneinkommen verdienten und daher weniger »diebstahlsanfällig« seien. Darüber hinaus, heißt es in einer UNSA-Information vom 21.12.2005, würde Lidl auch dazu auffordern, nicht den Kriterien entsprechende Beschäftigte »auch ohne Begründung zu entlassen, selbst auf das Risiko hin, vor den Arbeitsgerichten zu verlieren«. Die Bevorzugung jungen Personals sowie eine hohe Fluktuation diene dazu, eine fügsamere Belegschaft zu erhalten.

Thierry Minard spricht, gestützt auf mehrere schriftliche Zeugenaussagen und Protokolle von Belegschaftsvertreterversammlungen, von zahlreichen Opfern von Mobbing und skandalösem Personalmanagement bei Lidl. Er zeigt auf, dass anmaßendes Verhalten von Seiten der Geschäftsleitung zu einem schlechten Betriebsklima, zu Arbeitsunfällen und krankheitsbedingten Ausfällen führen. Erst als in der unmittelbaren Vorweihnachtszeit letzten Jahres die Lidl-Beschäftigten zweier südfranzösischer Regionen (Aquitaine und Charentes) einen Streik ankündigten, wurde eine Arbeitsschutzkommission (CHSCT) einberufen, um die Mobbing-Beschwerden zu untersuchen. Darüber hinaus kritisiert die Gewerkschaft UNSA, dass über 50% der Beschäftigten nur mit befristeten Verträgen eingestellt würden und die Anzahl der prekären Arbeitsverhältnisse bei Lidl weiter zunehme. Beispielsweise würde in einer Filiale untersagt, Überstunden aufzuschreiben.   CV

DISCOUNTER IN FRANKREICH – EIN ÜBERBLICK

Traditionell ist Frankreich durch eine sehr starke Präsenz von Großmärkten (hypermarchés) wie Leclerc, Carrefour, Casino, Intermarché und Auchan geprägt. Erst vor 15 Jahren drangen die Billigdiscounter aus Deutschland auf den französischen Markt und eroberten mit inzwischen 11 Mrd. Euro Umsatz 14% des französischen Lebensmittelmarktes . Laut einer 2005 durchgeführten Studie des Forschungsinstituts Crédoc tätigen 61% der Franzosen einmal im Monat ihre Lebensmitteleinkäufe bei einem der 2900 Discount-Läden.

Die fünf führende Discounter in Frankreich (Lidl, Aldi, ED, Leader Price und Netto) liegen mit ihren Preisen im Schnitt 30% unter denen der Großmärkte, die inzwischen ihre eigenen Billigketten aufmachen. Gegenüber Markenartikeln beträgt die Differenz sogar 60%. Wenige Produkte, diese aber in sehr großen Mengen, verbunden mit einer sehr aggressiven Einkaufspolitik führen dazu, dass die Billig-

discounter die Preise im Durchschnitt um 15% stärker drücken können, als ihre Konkurrenz. Kein Wunder also, dass der rabiate Umgang mit den Zulieferern immer wieder auch bei Lidl zu – zum Teil handfesten – **Protesten der französischen Bauern** *und anderer Zulieferer führt.*

Foto: dpa

Auch in Frankreich setzen die Billigdiscounter auf sehr spartanisch eingerichtete Verkaufsläden. Daher betragen die Strukturkosten bei ihnen nur 12% des Umsatzes gegenüber 19% bei den Hypermarchés. Insbesondere jedoch sparen die Billigketten bei den Personalkosten. Bei gleicher Verkaufsfläche setzen sie weniger als die Hälfte des Personals ein als die Großmärkte.

Quellen: Capital (Februar '06) und Les Echos (Nr. 214 / Juni '05);
Credoc: Studie über den französischen Handel (Juni '05)

Zum zweiten Mal:

Als »Big Brother Lidl« ausgezeichnet

Nachdem Lidl bereits 2004 den Negativpreis »Big Brother Award« in Deutschland erhalten hat, ist der Discounter jetzt auch in Frankreich prämiert worden. Lidl habe die Angewohnheit, seine Beschäftigten zu überwachen, »insbesondere die gewerkschaftlich organisierten«, heißt es in der Begründung der Jury zur Preisverleihung am 3. Februar 2006 in Paris.

Nantes 2005 – Mehr Überwachungskameras als im Gefängnis

»Die vom Vorgesetzen ausgeübte Kontrolle dient nicht der Überwachung, sondern der Unterstützung der Mitarbeiter.« So verkündet es jedenfalls Punkt 8 der Unternehmensphilosophie, die Lidl in seinen Läden aufhängen lässt. Die Erfahrungen der Beschäftigten sehen anders aus. »Lidl bedient sich der Videokameras, um die Leute abzustrafen«, berichtet Betriebsrat Daniel Tovar von seinen Erfahrungen in Nantes. »Erst kürzlich nahm ich an einem Disziplinargespräch teil, bei dem einer unserer gewählten Belegschaftsvertreter mit mehreren Tagen Zwangsurlaub sanktioniert wurde. Die Abmahnung und die Ankündigung härterer Konsequenzen im Wiederholungsfall begründete das Management damit, er habe an einem bestimmten Tag zu einer bestimmten Uhrzeit eine unerlaubte Pause gemacht. Dazu muss man wissen, dass es bei uns zwei Kameras gibt, die uns sogar überwachen, wenn wir in der Pause sind. Das ist widerlich.«

Anfang 2005 begann Lidl in seinem Warenlager in Nantes mit der flächendeckenden Installation von Videokameras. 65 Kameras kommen auf 60 Lager-Beschäftigte. »Bei uns wird stärker überwacht als im Zentralgefängnis von Nantes«, empört sich Daniel. »In allen Lagergassen gibt es zwei Kameras, mit der sie von jeder Seite beliebig auf die Beschäftigten zoomen können, um sämtliche Bewegungen festzuhalten.«

Als Begründung für die Einführung der Videoüberwachung nannte Lidl den Diebstahl von Kinderschokolade. »Wir haben sie gefragt, ob dies ein Witz sein soll.« Weiterhin führte die Betriebsleitung an, dass die Gabelstaplerfahrer nicht rechtzeitig genug abbremsten und die Lagerregale beschädigen würden. »Wir machen uns hier keine Illusionen«, fährt der Warenvorbereiter aus dem Kühlbereich fort. »Es geht darum, Reparaturkosten auf die

Beschäftigten abzuwälzen.« Die Aufnahmen der Kameras laufen auf einen Bildschirm im Büro des Direktors zusammen. »Der kann dann sehen, aha, da unterhält sich die Person X mit der Person Y. Dann greift er zu seinem Telefon, ruft den Bereichsleiter an und beauftragt diesen, die Unterhaltung zu unterbinden.«

Im November 2005 rief die Gewerkschaft CGT zu einer Arbeitsniederlegung auf. »Unsere Kollegen hatten wirklich die Nase voll vom Management bei Lidl. Die Stimmung war miserabel und so wollten sie nicht nur einen kurzzeitigen Warnstreik machen, sondern unbefristet streiken.« Hauptsächlich ging es gegen die Videoüberwachung. Der Protest richtete sich aber auch gegen andere Praktiken des Lidl-Managements, wie die willkürliche Zuteilung des Resturlaubs oder die hemmungslose Verhängung von Sanktionen. »Wenn z.B. jemand seine Quote nicht schafft, dann wird er erst abgemahnt, wird abgestraft, etwa mit einem Tag unbezahlten Zwangsurlaub, und anschließend folgt die Entlassung. Dies muss man im Kontext sehen. Das Ziel von Lidl ist es, die älteren Kollegen loszuwerden. Lidl will nur junge Lagerarbeiter, die die Klappe halten und ranklotzen.«

»DAS ZIEL VON LIDL IST ES, DIE ÄLTEREN KOLLEGEN LOSZUWERDEN«

15 Tage Streik – ein heißer November

15 Tage dauerte der Streik in Nantes. Allein 650.000 Euro Verlust machte Lidl aufgrund der durch den Arbeitskampf verdorbenen Waren. Zwar erzielten die Streikenden Zugeständnisse bei der eigentlich schon in den

LIDL & ÜBERWACHUNG

Der französische Lidl-Generaldirektor Pascal Tromp hat bereits im November 2001 auf einer Betriebsratssitzung zugegeben, in »einigen Fällen« auf Privatdetektive bei der Überwachung von Beschäftigten zurückgegriffen zu haben. Das berichtete die Zeitung »Le Nouvel Observateur«.

»Dies erstaunt mich gar nicht«, kommentiert Gisele Drouillet, Belegschaftsvertreterin in der Kommission für Arbeitssicherheit (CHSCT) im südfranzösischen Toulouse. »Privatdetektive, Einsatz des Wachpersonals in den Filialen zur Überwachung der Verkäuferinnen, Kontrolle von Privatautos und Spinden – das permanente Predigen von Misstrauen und die beständige Behandlung der Beschäftigten als potenzielle Ladendiebe durch die Lidl-Führung verdirbt das Betriebsklima.«

90er Jahren vereinbarten internen Job-Rotation zur Minderung einseitiger Arbeitsbelastung. Doch obwohl sie auch Unterstützung durch Streiks im Lidl-Lager Guingamp in der Bretagne bekamen, konnte die zentrale Forderung nach Rücknahme der Videoüberwachung bisher nicht durchgesetzt werden. Einen der Gründe sieht die Gewerkschaft darin, dass Lidl die Streikwirkung durch illegale Ausweichlieferungen untergrub. Die staatliche Arbeitsaufsicht habe 25 solcher Gesetzesverstöße festgehalten. Damit setzen sich jetzt die Gerichte auseinander – ebenso mit der Rechtmäßigkeit der Videoüberwachung. »Doch wir müssen auch die Solidarität unter den Lidl-Standorten, insbesondere zwischen den Beschäftigten der Lager und den Filialen, verstärken«, zieht Daniel Bilanz. »Am besten sogar international, z.B. mit den Kollegen in Deutschland.«

CLAUDIUS VALLEY

Toulouse

Zentrallager blockiert:
Sich regen bringt Segen

Anfang der 90er Jahre begann Lidl stark in Südfrankreich zu expandieren. Regionaldirektionen wurden gebildet und es stellte sich auch die Frage der gesetzlich vorgeschriebenen Wahl von Belegschaftsvertretungen. Bis dahin hatte es keine gegeben, was sich entsprechend auswirkte. »Ich erinnere mich«, berichtet Gisèle Drouillet aus Toulouse, »dass wir sogar in der Ausbildung um 6 Uhr morgens anfingen und zum Teil bis 22 Uhr abends arbeiteten. Auch an freien Tagen mussten wir in der Filiale erscheinen. Selbst sonntags wurde man gerufen, um eine Inventur zu machen.« Sie kandidierte zu den ersten Delegiertenwahlen bei Lidl auf der CGT-Liste. »Am Folgetag wurde ich zur Direktion bestellt und sollte rechtfertigen, warum ich kandidiere.« Wie vor 16 Jahren, als sie bei Lidl anfing, ist Gisele noch immer Filialleiterin. »Als Gewerkschaftsvertreterin ist deine berufliche Laufbahn bei Lidl definitiv beendet.« Die 48-jährige hat sich damit abgefunden. Inzwischen fällt der Alltag zunehmend schwerer. Muskel-Skelett-Beschwerden, typische Gesundheitsprobleme von Verkäuferinnen, stellen sich ein. »Aufgrund der Hebearbeiten bin ich schon mehrfach an der Schulter operiert worden.«

Lidl fürchtet Kontakt zwischen Lager und Filialen

Seit den Wahlen zu den Belegschaftsvertretungen und dem Auftritt der Gewerkschaft haben sich die Bedingungen grundlegend verbessert. Anfänglich versuchte die Geschäftsleitung noch, die Beschäftigten des Lagers und der Filialen systematisch gegeneinander auszuspielen, und untersagte jede direkte Kommunikation. Die Folge war ein sehr gespanntes Arbeitsklima. »Eines Tages riefen mich die Filialleiter an und meinten, dass etwas passieren müsse. Darauf hin sind wir alle zusammen zur Lidl-Regionalleitung nach Bordeaux gefahren: 25 Filialleiter aus der Gegend von Toulouse, 20 aus der von Bordeaux«. Damals, Mitte der 90er Jahre, war Gisèle die einzige gewerkschaftlich Organisierte. »Als die Geschäftsleitung sich weigerte, mit uns zu reden, haben wir kurzerhand das Zentrallager mit unseren Autos blockiert«. Am Ende wurden sie doch empfangen und setzten ihre Forderung nach regelmäßigen Besprechungen aller Hierarchieebenen aus dem Lager und den Filialen durch.

Als die Beschäftigten sahen, dass sich ihre Arbeitsbedingungen verbessern ließen, konnte auch die CGT ihren Einfluss ausweiten. Mitte der 90er Jahre führte die Gewerkschaft mehrere Prozesse um die Bezahlung der Mehrarbeit und schloss Betriebsvereinbarungen ab. Gisèle hatte noch, wie anfänglich alle Filialleiter bei Lidl, einen Pauschalarbeitsvertrag ohne Stundenvorgabe unterschrieben. Nun wurden auch für die Filialleiter Personaleinsatzplanung und Zeit-Kontrollen sowie Arbeitsverträge mit Stundenvorgaben eingeführt.

Unbezahlte Mehrarbeit

Heute gilt für Filialleiter und Stellvertreter offiziell eine Vorgabe von 42 Wochenstunden. »Dies ist natürlich ein großer Fortschritt. Zeitweise hielten wir das Problem der Mehrarbeit auch schon für erledigt, aber neuerdings kommt es wieder mit Macht auf den Tisch.« Seit Geschäftsführer Tromp aus Strasbourg verlauten ließ, dass ein guter Filialleiter seine Arbeit in 42 Stunden erledigen könne, hängen die Regionaldirektoren den Filialleitern mit diesem Refrain in den Ohren. Insbesondere von den jungen Kollegen wurde die Nachricht verstanden und sie trauen sich nicht mehr, die wirkliche Stundenzahl aufzuschreiben. »Dabei werden dermaßen viele Anforderungen gestellt, dass es schlicht nicht zu schaffen ist. Insbesondere die unerfahrenen Filialleiter machen 70 bis 80 Stunden und kommen auch am Sonntag,« versichert Gisèle, die als regionale Gewerkschaftsvertreterin den Alltag in vielen Städten kennt.

Seit zwei bis drei Jahren weitet sich das Problem aus, da nun auch die Erstverkäuferinnen betroffen sind. Sie werden zunehmend beauftragt, den Filialleiter in seiner Arbeit zu vertreten und z.B. den Kassenabschluss zu übernehmen. Für diese Beschäftigtengruppe kommt jedoch erschwerend hinzu, dass sie in der Regel nur mit 31-Stunden-Verträgen angestellt sind. »Sie machen länger, und zwar ausschließlich aus Angst, dass ihnen angelastet wird, sie seien nicht gut. Dabei besteht die Alltagsrealität einer erfahrenen Filialleiterin, wie ich es bin, aus 50 bis 55 Stunden. Wenn ich in einer fremden Filiale aushelfen muss, dann werden es auch schon mal 60 Stunden.«

Enormer Arbeitsdruck

Der enorme Arbeitsdruck ist auch eine der Hauptursachen für die hohe Fluktuation beim Personal. Über die Hälfte der Beschäftigten wechselt bei Lidl jedes Jahr. »Nach meiner eigenen Erfahrung ist dies für den Verkaufsbereich eher noch zu niedrig angesetzt. Besonders in den großen Städten wie Toulouse, Montpellier, Perpignan ist die Fluktuation sehr groß«, berichtet Gisèle.

Augenscheinlich findet der Discounter auch immer einen Grund, ungeliebte Mitarbeiter loszuwerden. Wie in Deutschland gehören Test-Einkaufswagen mit geschickt versteckten Produkten zum festen Repertoire. Oder aber es werden indirekte Wege gewählt, indem Kolleginnen ständig auf die unbeliebteste Schicht mit Endreinigung zum Ladenschluss gesetzt werden. Zum Arbeitsdruck gesellt sich der rüde Umgangston.

Auch bei der Personaleinsatzplanung klaffen Anspruch und Wirklichkeit auseinander. Die Betriebsvereinbarung sieht vor, dass Änderungen sieben Tage vorher anzukündigen seien. Da aber viele Frauen auf den Job angewiesen sind, trauen sie sich nicht, eine Änderung abzulehnen, selbst wenn sie mit sofortiger Wirkung verkündet wird.

»Manchmal,« berichtet Gisèle augenzwinkernd, »haben wir sogar indirekten Kontakt mit den Deutschen.« Dann nämlich, wenn die Geschäftsführung panisch anruft, es müsse alles blitzsauber gemacht werden, da eine hochgestellte Delegation von der anderen Rhein-Seite auf Besuch wäre. Während das Management ganz selbstverständlich international kommuniziert, fehlt noch die Vernetzung der Beschäftigten, stellt Gisèle selbstkritisch fest. Die Gewerkschafterin hält einen direkten Austausch zwischen den Lidl-Kollegen aus Deutschland und Frankreich für dringend notwendig: »Wir müssen endlich damit beginnen, uns zu vernetzen.«

CLAUDIUS VELLAY

OFFENER BRIEF EINER ERSTVERKÄUFERIN

In einem offenen Brief von Anfang 2006 hat die Lidl-Beschäftigte Laurence Vasquez ihre Arbeitssituation als Erstverkäuferin in der Filiale im südfranzösischen Saint Girons angeprangert. Sie verfügt dort mit ihren vier Jahren über die längste Betriebszugehörigkeit unter den Kolleginnen.

In dem Brief beschreibt Laurence Vasquez detailliert die sich verschlechternden Arbeitsbedingungen und den wachsenden Arbeitsdruck. Insbesondere wären sie gezwungen, unbezahlte Mehrarbeit während der Ladenschließung von 12 bis 14 Uhr zu verrichten. Anders sei die Fülle der Aufgaben nicht zu bewältigen und »sie könnten ja nicht einfach die Arbeit für die Kolleginnen liegen lassen und nach Hause gehen«. Krank geschrieben infolge des großen Drucks und Mobbings der Geschäftsleitung, wie sie berichtet, hat die Erstverkäuferin einen Arbeitsgerichtsprozess gegen Lidl angestrengt. Die Ausbeutung der Lidl-Angestellten erinnere an längst vergangene Zeiten, betont sie.

Lidl in Belgien

»Bei uns sind die Probleme weniger scharf«

Arbeitsdruck wächst, aber sonst ist vieles in den belgischen Märkten normaler

In Belgien expandiert Lidl seit Mitte der 90er Jahre und aus den damals acht Filialen sind schon mehr als 240 geworden. Für die Verkäuferinnen gestaltet sich der Arbeitsalltag in diesen Discount-Läden nach einigen Startschwierigkeiten deutlich besser als in anderen europäischen Ländern, allerdings nimmt der Arbeitsdruck zu.

Die Bereitschaft der Beschäftigten in Flandern und Wallonien sich gewerkschaftlich zu organisieren wirkt unmittelbar mäßigend auf die sonst eher ruppige Lidl-Personalführung. Auch die vom Gesetzgeber und den Tarifparteien definierte Gestaltung der Arbeitsbeziehungen in der belgischen Wirtschaft enthält Vorgaben, die nicht oder nicht leicht zu umgehen sind.

»Die Zahl der Gewerkschaftsmitglieder ist bei Lidl noch etwas niedriger als bei ›älteren Betrieben‹, aber sie liegt doch deutlich über 50 Prozent«, berichteten die belgischen Angestelltengewerkschaften BBTK, LBC-NVK und CNE zum 8. März 2006. »In Belgien sind die Probleme, die in Deutschland angeprangert werden, weniger scharf«, schrieben sie in einem offenen Brief, der anlässlich des internationalen Frauentages Solidarität mit den Lidl-Verkäuferinnen in Deutschland und anderen Staaten ausdrückt.

»Zu Beginn war es schwierig, aber jetzt haben wir funktionierende Betriebsräte und ein Netz gewerkschaftlicher Vertrauensleute«, so Frank de Vos von der Gewerkschaft LBC-NVK. Die Beziehungen mit dem belgischen Management seien normal bis gut. Allerdings werde bei

Startjahr
1995

Filialen
240* Lidl

Beschäftigtenzahl
ca. 2.400

Umsatz
850 Mio. Euro (2004)

Ranking
Platz 7 im Einzelhandel

Entwicklung
Für 2006 werden 20 neue Märkte erwartet

Discount-Konkurrenz
385 Aldi-Filialen (1,68 Mrd. Umsatz)

* 01.01.2006   (Quellen: Lebensmittel-Zeitung, Planet Retail, eigene Berechnungen)

Verhandlungen über kollektivvertragliche Zusatzleistungen bei Lidl deutlich, dass sich die Geschäftsleitung nur in einem »engen Rahmen« bewegen könne. Hier sei eine Verschlechterung eingetreten. Frank de Vos führt das auf die Konkurrenz mit Aldi (376 Filialen und 2,1 Mrd. Euro Umsatz), aber auch auf striktere Vorgaben aus der deutschen Zentrale zurück.

Hintergrund: Auch Lidl unterliegt in Belgien den Regelungen des »Nationalen Rats für Arbeit«, der sich paritätisch aus Vertretern der Gewerkschaften und der Arbeitgeber zusammensetzt. Dort werden »solide Arbeits- und Gehaltsbedingungen erzwungen«, wie die drei belgischen Angestelltengewerkschaften hervorheben. Der »Conseil National du Travail« oder »Nationalraad van de Arbeid« schließt überberufliche Tarifvereinbarungen – z.B. zu Arbeitszeit, Mindestlohn und Vorruhestand – ab, die allgemeinverbindlich sind. Sie gelten als Orientierung für die Verhandlungen auf Unternehmens- und Branchenebene.

Paritätisch besetzter »Unternehmensrat«

Paritätisch besetzt ist auch der »Unternehmensrat« – »Conseil d'entreprise« oder »Ondernemingsrad« – bei Lidl in Belgien. Den Vorsitz hat nach belgischem Recht allerdings der Arbeitgeber. Die Beschäftigten sind aktuell mit sieben Mitgliedern der LBC-NVK und fünf der BBTK-Angestelltengewerkschaft vertreten. Diese Ebene der Interessenvertretung hat – ähnlich wie der Ausschuss für Sicherheit, Gesundheit und Verbesserung am Arbeitsplatz – überwiegend beratende Funktion sowie Informations- und Anhörungsrechte. Nur bei der Änderung von Arbeitsvorschriften existiert ein Zustimmungsrecht. Darüber hinaus gibt es noch die Gewerkschaftsvertretungen (»Delegués de Syndicalé«), die das Recht haben, Tarifverhandlungen im Betrieb zu führen. Ihre Hauptaufgabe besteht darin, die Einhaltung der Gesetze und Tarifverträge zu überprüfen. Und das funktioniert offenbar bei Lidl.

Ein Klima der Angst könne er in den belgischen Lidl-Filialen erfreulicherweise nicht feststellen, sagt Frank de Vos. Allerdings sei zu beobachten, dass die Anforderungen an die Flexibilität der Beschäftigten steigen. Als Beispiel nennt der Gewerkschafter einen Lidl-Test in 15 Filialen, wo die Öffnungszeit von 18.30 Uhr auf 19 Uhr erweitert wird. Gleichzeitig beobachtet die LBC-NVK eine allgemeine Zunahme des Arbeitsdrucks. Das Management erwarte von den Filialleitungen ständig Mehrleistungen. »Ein Filialleiter ist häufig gezwungen, 50 Stunden in der Woche zu arbeiten«, berichtet ein Betroffener aus Brügge. Lidl setze die Beschäftigten großem Stress aus, weil das Unternehmen sehr viel Flexibilität und die gleichzeitige Bewältigung unterschiedlicher Aufgaben erwarte, schätzt die BBTK ein. Dennoch sehen viele die Arbeit bei dem deutschen Discounter »als ziemlich guten Job«. Ein Problem aus der Anfangszeit, das in vielen anderen Ländern noch immer Ärger bei Lidl bereitet, hat sich in Belgien erledigt: Auto- und Taschenkontrollen bei Verkäuferinnen und Verkäufern sind Bezirksleitern und anderen Vorgesetzten ausdrücklich untersagt.

ANDREAS HAMANN

Lidl in den Niederlanden:

Druck von außen und von innen wirkt

»Kultur der Angst« weicht einem besseren Klima

Auch bei Lidl Nederland herrschten bis vor gut einem Jahr ganz ähnliche Bedingungen für die Beschäftigten wie bei Lidl in Deutschland: Alle Versuche, Betriebsräte zu gründen oder sich gewerkschaftlich zu betätigen wurden rigoros unterbunden. Doch inzwischen hat sich die Situation verbessert, wie Lex Makkinje sagt, der zuständige Leiter Handel in der Gewerkschaft FNV Bondgenoten. Vor allem die Veröffentlichung des Schwarz-Buch Lidl und gewerkschaftlicher Druck zwangen die Geschäftsführung von Lidl Nederland GmbH in Huizen, normales gewerkschaftliches Engagement zu dulden. »Natürlich will Lidl vor allem einen Einbruch bei den Kundenzahlen verhindern«, sagt Lex Makkinje. In der Vergangenheit habe das schlechte öffentliche Image von Aldi in den Niederlanden viele Kunden bewogen, zu Lidl zu wechseln. Derzeit hat Lidl einen Anteil von vier Prozent der Ausgaben niederländischer Verbraucher in Supermärkten; Tendenz steigend.

Gewerkschaftliches Engagement wird jetzt geduldet

Bei Lidl Nederland gibt es mittlerweile einen nationalen Betriebsrat (ondernemingsraad), der für die rund 3.200 Beschäftigen in den 210 Filialen und vier Verteilerzentren zuständig ist. Damit, so Makkinje, sei die Gewerkschaftsarbeit bei Lidl endlich aus den Hinterzimmern heraus. »Wir informieren die Lidl-Beschäftigten über die Arbeit des Betriebsrates und ermutigen sie, mit ihren Gewerkschaftskollegen über ihre Situation

Startjahr
1997

Filialen
210* Lidl

Beschäftigtenzahl
ca. 3.200

Umsatz
860 Mio. Euro (2004)

Ranking
Platz 8 im Einzelhandel

Entwicklung
2006 werden 10 neue Märkte erwartet

Discount-Konkurrenz
405 Aldi-Filialen (1,5 Mrd. Umsatz)

* 01.01.2006   (Quellen: Planet Retail,
Gewerkschaftsangaben, eigene Berechnungen)

zu sprechen. Lidl legt uns dabei keine Steine in den Weg. Das ist eine große Veränderung.« Das Lidl-Management suche das Gespräch mit dem Betriebsrat und versuche, Kompromisse zu erzielen. Außerdem hat das Unternehmen eine eigene Personalabteilung eingerichtet. Vorher waren die Verkaufsleiter der Filialen für diesen Bereich mit zuständig. Makkinje schätzt, dass rund 12 bis 14 Prozent der Lidl-Beschäftigten gewerkschaftlich organisiert sind, sowohl im FNV als auch im christlichen CNV.

Das Lidl-Schwarz-Buch von ver.di machte auch in den Niederlanden Furore. Die Discounter-Angestellten betrachteten es als ein »Geschenk des Himmels«, weil ihre Probleme ernst genommen wurden. Nachdem die niederländische Presse über das Schwarz-Buch berichtet hatte, schickten viele Lidl-Beschäftigte Briefe und e-Mails an die Gewerkschaft. Sie berichteten über unmenschliche Arbeitsbedingungen, über eine »Kultur der Angst«, in der Arbeitnehmer gegängelt und wie Wegwerfartikel behandelt würden. Beschäftigte seien willkürlich und ohne Grund beschuldigt und versetzt worden. Selbst Gebietsleiter klagten über die Arbeitsbedingungen und kehrten dem Discounter den Rücken. Lex Makkinje: »Ich hatte Gebietsmanager am Telefon, die mir weinend erzählten, sie könnten nicht ›arschig genug‹ sein«, wie es offenbar von ihnen verlangt wurde.

»AUCH HEUTE FÜRCHTEN SICH NOCH VIELE LIDL-ANGESTELLTE VOR DER REVISION«

Zwar hätten sich die Beschwerden merklich verringert, sagt Makkinje, seit es einen funktionierenden Betriebsrat gebe. Aber nach wie vor verbreitet vor allem die so genannte Revisione (interne Kontrolle) Angst und Schrecken bei Lidl. »Auch heute fürchten sich noch viele Lidl-Angestellte in den Niederlanden vor der Revisione«, berichtet Makkinje. »Es gibt hier drei verschiedene Arten von Kontrolleuren: Die aus Deutschland, die aus der niederländischen Zentrale und die Regionalleiter selber.«

Viele Lidl-Beschäftigte klagen über den wachsenden Arbeitsdruck, der stärker ist als in den Jahren zuvor. Hintergrund ist der Preiskrieg, den sich Supermärkte und Discounter in den Niederlanden liefern. Die Supermarktkette Albert Heijn hat damit vor zwei Jahren begonnen. Dieser Konkurrenzkampf wird auf dem Rücken der Beschäftigten ausgetragen. Um den Gegner zu unterbieten, werden die Preise bestimmter Artikel gesenkt. Damit kommen wieder mehr Kunden in die Filialen. Um aber die Gewinnmarge zu erhöhen, wird gleichzeitig Personal eingespart: Mehr Kunden, weniger Personal. Logische Folge: Der Arbeitsdruck auf die Kolleginnen und Kollegen steigt ständig.

DETLEV REICHEL

Die Geschichte der Ingrid W.*

Diebstahlsvorwurf ohne irgendeinen Beweis

G emert, eine kleine Gemeinde nahe der niederländischen Stadt Eind-
hoven. Es ist ein Monat vor Weihnachten. In der Lidl-Filiale an der
Kasse arbeitet Ingrid W. Mit einer Hand schiebt sie die Waren über den
Scanner, die Finger der anderen tanzen flink über die Tastatur. Sie weiß nie,
ob und wann ein Kontroll-Einkäufer vor ihr steht, außerdem sind überall
Videokameras installiert. Mitten aus ihrer Arbeitskonzentration heraus reißt
sie der Ruf über die Lautsprecheranlage: »Frau W., kommen Sie sofort ins
Büro.« Das ist ungewöhnlich. Was ist geschehen? Im Büro steht der Filiallei-
ter hinter seinem Schreibtisch mit einem Brief in der Hand. Er reicht ihn ihr.
Ingrid W. liest und steht wie vom Blitz getroffen da. In der Hand hält sie ihre
fristlose Kündigung.

Rückblende. An einem warmen Sommertag Anfang August arbeitet
Ingrid W. an der Kasse, wie üblich. Sie hat den Tresorschlüssel. Eine dritte
Kasse muss geöffnet werden. Sie gibt den Schlüssel einem Kollegen, dem 3.
Marktleiter. Der holt die Kasse aus dem Tresor und zählt nach. 500 Euro
müssen ordnungsgemäß darin sein. Er stellt fest, dass es nur 305 Euro sind,
195 Euro fehlen. Er schließt die unvollständige Kasse wieder und nimmt
eine andere, sagt aber niemandem etwas. Bei der Inventur am Abend wird
der Fehlbetrag von 195 Euro festgestellt. Das Geld taucht am nächsten Tag
wie aus dem Nichts wieder auf. Ingrid W. wird darüber nicht informiert. Sie
muss an diesem Tag in einer anderen Lidl-Filiale in Horst aushelfen.

Dreieinhalb Monate später. An einem Freitag im November muss Ingrid
bis 21 Uhr arbeiten. Beim Routinecheck nach Dienstschluss ist alles in Ordnung, die Kasse stimmt. Die Kollegin geht nach Hause und freut sich auf ihr
freies langes Wochenende, einschließlich Montag. Am Samstag werden in
ihrer Filiale drei Rollen mit Zwei-Euro-Stücken entwendet, insgesamt 150
Euro. An ihrem freien Montag wird Ingrid für den Abend zu einer internen
Notsitzung zitiert. Ihr wird vorgeworfen, das Geld gestohlen zu haben.
Damit nicht genug: Sie soll sich obendrein zur persönlichen finanziellen
Lage von Kollegen äußern. Welcher Kollege momentan Geldsorgen habe,
wird sie beispielsweise gefragt. Beweise für den behaupteten Diebstahl gibt
es nicht. Drei Tage später bekommt sie die fristlose Kündigung.

Ingrid W. lässt die Sache nicht auf sich sitzen. Sie geht vor Gericht. Dieses Mal hatten die Überwachungskameras in der Lidl-Filiale einen Nutzen. Aus den Videoaufzeichnungen ging eindeutig hervor, dass sie kein Geld oder irgendetwas anderes gestohlen hat. Anfang Januar 2005 gewinnt Ingrid W. den Prozess und Lidl muss ihr für sechs Monate Gehalt zahlen.

* Name von der Redaktion geändert

Niederländische Filiale in Rotterdam   *Foto: dpa*

Antje G. wehrt sich und klagt für ihre Rechte

Nur weil es mit den Kolleginnen klappt, ist alles noch erträglich

Antje G.* arbeitet seit 2000 bei Lidl. Inzwischen muss sie um ihr Recht und ihren guten Ruf kämpfen. Dabei hatte für sie alles vielversprechend begonnen. »Als ich bei Lidl anfing, war ich ein Art ‚Mädchen für alles'. Ein halbes Jahr später bekam ich einen unbefristeten Arbeitsvertrag in einer Filiale in Apeldoorn. Ich erhielt sogar 250 Euro Benzingeld im Monat, da ich jeden Tag rund neunzig Kilometer zur Arbeit und zurück fahren musste. Der damalige Gebietsleiter fragte mich, ob ich in die Betriebsleitung der Filiale gehen wolle. Er habe mit den Kolleginnen gesprochen und die seien dafür. Ich sagte ihm, ich wolle mich zunächst in der Filiale einarbeiten.« Doch später wurde ein neuer Gebietsleiter eingesetzt, der einen anderen Kollegen für die Betriebsleitung heranzog.

Ende 2001 wurde Antje G. krank und musste sich im folgenden Jahr an der Schulter operieren lassen. Mit dem Ergebnis, dass sie nur noch an der Kasse eingesetzt werden oder leichte Reinigungsarbeiten durchführen kann. Damit begann auch ihr Leidensweg bei Lidl. Seither wird die inzwischen 44-jährige Kollegin Antje G. schikaniert: »Geld aus der Kasse nehmen und mich dann beschuldigen, es sei zu wenig drin«, ist nur ein Beispiel – ein offenbar beliebtes Mittel bei Lidl, um »ältere« Mitarbeiter los zu werden. Aber Antje wird ein Fehler ihres zuständigen Gebietsleiters zum Verhängnis. Obwohl der Amtsarzt sie nach ihrer Operation gesund schreibt,

> »ICH HABE JETZT EINEN UNBEFRISTETEN ARBEITSVERTRAG, DEN SETZE ICH DOCH NICHT AUF SPIEL«

meldet der Vorgesetzte dies nicht an die Personalstelle. Die Kollegin arbeitet wieder in der Filiale, bekommt aber drei Monate lang kein Gehalt, da Lidl sie weiterhin als krank führt. Sie muss wieder zum Amtsarzt, diesmal zu einem anderen. Sogar ihr Filialleiter erhält vom Lidl-Hauptbüro keinerlei Information über das Ergebnis.

Das Verwirrspiel geht weiter. Lidl teilt der niederländischen Arbeitsagentur CWI im August 2002 mit, Antje G. sei gekündigt worden. Weil das nachweislich nicht stimmt, muss Lidl später Gehalt nachzahlen. Dieses ständige Hin und Her zehrt an ihren Nerven. Sie fragt, ob sie bei Lidl in Deutschland arbeiten könne. Die erste Reaktion lautet: Das gehe nicht, Lidl Niederlande und Lidl Deutschland seien unterschiedliche Firmen. Kurze Zeit später erhält sie eine neue Antwort: Sie könne nach Deutschland, müsse aber den alten Arbeitsvertrag kündigen und einen neuen abschließen. Auch die Versetzung in eine andere Filiale in Holland, näher an ihrer Wohnung, sei nur unter der Bedingung möglich, dass sie ihren alten Arbeitsvertrag kündigt. »Ich habe jetzt einen unbefristeten Arbeitsvertrag, den setze ich doch nicht auf Spiel«, sagt Antje G. empört.

Lidl versucht mehrfach, beim CWI eine Kündigung der Kollegin G. durchzusetzen, was die Arbeitsagentur immer wieder zurückweist. Man könne dem nicht zustimmen, »weil Lidl ein gemeines Spiel spielt«, habe ihr der zuständige CWI-Mitarbeiter mitgeteilt und ihr empfohlen, sich einen Anwalt zu nehmen. Damit ist Antje G. die erste Lidl-Mitarbeiterin in den Niederlanden, die ihre Rechte gegen die Machenschaften ihres Arbeitgebers behauptet. »Viele Menschen haben Angst, gegen Lidl vorzugehen. Aber ich finde, wenn ich nicht krank geworden wäre, hätten sie mich auch bezahlen müssen«, argumentiert sie. »Und wenn sie mich kündigen wollen, müssen sie die Wahrheit sagen und dürfen nicht lügen. Ich habe Glück, dass meine Kolleginnen alles wissen, hinter mir stehen und gerne mit mir arbeiten. Dadurch ist die Arbeit bei Lidl noch erträglich«, fügt Antje G. abschließend hinzu.   D.R

* Name von der Redaktion geändert

BISHER KEINE GUTE TRADITION

»Lidl hat keine gute Management-Tradition. Die mittlere Ebene ist nicht ausgebildet. Es gibt Gesundheitsprobleme und eine hohe Krankenquote in den Distributionszentren«.

(Lex Makkinje von der Gewerkschaft FNV Bondgenoten auf einem Lidl-Seminar, das UNI Commerce Europa 2004 in Tampere/Finnland durchgeführt hat)

Lidl in Irland

Alles unter Kontrolle – zum Glück nicht immer

Als letztes Mittel kam es zum Streik

Protestaktionen von Lidl-Beschäftigten sind eine Seltenheit, zu groß ist die Angst vor Entlassung oder Schikanen. Eine 15-köpfige Filialbelegschaft im irischen Mullingar »wagte« es dennoch, im September 2003 zu streiken. Sämtliche Beschwerden über unfaire Arbeitsbedingungen hatten die Vorgesetzten zuvor konsequent ignoriert. Als letztes Mittel griffen die Beschäftigten zum Streik. Die Liste ihrer Kritik war lang: Regelmäßig leisteten sie unbezahlte Überstunden, die Wochenarbeitspläne würden – ohne Rücksprache – ständig geändert, Pausen gestrichen und Stundenzettel fehlerhaft ausgefüllt. Der Protest richtete sich auch gegen die Praxis, Beschäftigte an freien Tagen zur Arbeit zu beordern. Und schließlich beklagten die Mitarbeiter/innen, dass keine Kritik am Management geübt werden durfte. Wer eine abweichende Meinung äußerte, wurde geächtet. »Es ist Arbeit in einem Klima der Angst und Einschüchterung«, fasste ein Mitarbeiter gegenüber dem »Westmeath Examiner« die Situation zusammen. Die Beschäftigten würden sich aus Angst vor Kündigung auch nicht trauen, in eine Gewerkschaft einzutreten.

Immerhin sind dank der Berichte von Betroffenen, Gewerkschaften und Medien die bei Lidl Irland praktizierten Methoden öffentlich geworden: So werden Mitarbeiter/innen grundsätzlich nur in Teilzeit beschäftigt, oft mit 10-Stunden-Verträgen und der Option, bei Bedarf länger zu arbeiten. Auf diese Mehrarbeit sind die Beschäftigten zwar dringend angewiesen, doch haben sie keinerlei Anspruch darauf. Und so nutzt das

Startjahr
2000

Filialen
52* Lidl

Beschäftigtenzahl
ca. 1.000

Umsatz
170 Mio. Euro (2004)

Entwicklung
Für 2006 werden ca. 10 neue
Lidl-Märkte erwartet

Discount-Konkurrenz
22 Aldi-Filialen (80 Mio. Euro Umsatz)

* 01.01.2006

(Quellen:IGD, Lebensmittel-Zeitung, Planet Retail,
eigene Berechnungen)

Management die Zuteilung von Mehrarbeit durchaus als Druckmittel. Wer unliebsam ist, darf dann eben nur die vertraglich vereinbarte Zeit arbeiten. Die begehrte Mehrarbeit wird allerdings nur zum Teil und dann oft stark verspätet bezahlt, wie eine frühere Leitungskraft berichtet. Außerdem schließt Lidl gerne befristete Arbeitsverträge ab, um Beschäftigte bei Bedarf schnell loszuwerden.

Ein weiteres Kennzeichen des »Systems Lidl« in Irland ist es, hauptsächlich Menschen einzustellen, die keine Ausbildung haben, alleinerziehend sind oder die eine andere Nationalität haben. Lidl geht offenkundig davon aus, dass diese Beschäftigtengruppen kaum über ihre Rechte informiert sind und schlechte Arbeitsbedingungen akzeptieren, weil sie wenig Alternativen am Arbeitsmarkt haben. Besonders gerne stellt Lidl Chinesen ein, da sie traditionell argwöhnisch gegenüber Gewerkschaften sind und deshalb auch in Irland keine Anstalten machen, sich zu organisieren. »Viele Chinesen scheinen ein Misstrauen gegen Gewerkschaften mitzubringen«, bestätigt ein Mitarbeiter der Gewerkschaft »Mandate«.

Über schlechte Arbeitsbedingungen bei Lidl klagen nicht nur die Verkäufer/innen. Auch Manager und Trainees – also Führungspersonal in der Ausbildung – leiden unter dem enormen Arbeitsdruck. Zwar werden sie verhältnismäßig gut bezahlt, doch als Gegenleistung erwartet Lidl dafür Einsatz rund um die Uhr. »Sie rufen dich spät in der Nacht an und sagen, dass du am nächsten Morgen um acht Uhr irgendwo 200 Meilen entfernt zu sein hast«, sagte ein ehemaliger Distriktmanager dem irischen Magazin »Checkout«.

Honesty Checks

Extra money in cashier's till

- Done by SM and DM before handing out the till, during an interim cash up or within the cashing up process

- Cashier has to count till so he/she can recognise discrepancy

- Contrary to procedure, SM calls out the should be figure first

- Dishonest staff will try to embezzle extra

- Measure only done with one witness

Anweisung für »Ehrlichkeitsprüfung« bei Kassenüberschuss: Nur ein Zeuge darf dabei sein

Gerechtigkeit widerfährt – ehemaligen – Lidl-Beschäftigten allenfalls vor Gericht. So klagte 2003 ein Mitarbeiter, der für die Instandhaltung von Lidl-Filialen angestellt war, vor dem Arbeitsgericht gegen seine Kündigung. Begründet worden war sie mit angeblichen Leistungsmängeln, die Lidl aber nicht nachweisen konnte. So kam das Gericht zu der Überzeugung, dass die Kündigungsgründe konstruiert waren.

Anfang 2005 wurde Lidl verurteilt, 5.000 Euro an einen Mann zu zahlen, der sich wiederholt erfolglos als Distriktmanager beworben hatte, so berichtete der »Irish Examiner«. Der Mann hatte zuvor erfolgreich Beschwerde beim Gleichstellungsausschuss (Equality Tribunal for Age Discrimination) wegen Altersdiskriminierung eingereicht.

WILFRIED SCHWETZ

Irische Gewerkschaft kritisiert Willkürverträge

Brendan Archhold (Mandate) ist sauer

Die irische Gewerkschaft Mandate übt heftige Kritik am Discounter Lidl, der ihre Forderung nach Abschluss einer tariflichen Anerkennungsvereinbarung seit Jahren ignoriert. Bisher gab es nur ein Treffen im Jahr 2000, kurz nach Markteintritt, das aber ergebnislos blieb. »Das Herangehen Lidls in ganz Europa scheint sich in ihrer Arbeitsweise in Irland wiederzuspiegeln, indem sie eine relativ kleine Zahl von Mitarbeitern auf der Grundlage sehr restriktiver Verträge beschäftigen, die an keinem Punkt eine gewerkschaftliche Vertretung vorsehen«, so der Mandate-Verantwortliche Brendan Archbold.

Lidl habe ein eigenes betriebliches Disziplinar- und Beschwerdeverfahren, das jedoch frühestens nach Ablauf der Probezeit von drei Monaten zur Anwendung kommt – wenn diese nicht noch verlängert wird. Der Arbeitgeber sei somit nicht verpflichtet, die eigenen Regelungen zu befolgen, bevor der Arbeitsvertrag dauerhaft geworden ist. Und Brendan Archbold macht auf eine andere Willkürklausel aufmerksam: »Der Arbeitsvertrag gibt Lidl «auch das Recht, diese Bedingungen und Konditionen zu ändern – Änderungen gelten als vom Arbeitnehmer angenommen, es sei denn der Arbeitnehmer unterrichtet das Unternehmen innerhalb eines Monats schriftlich über seine Einwände gegen die Änderungen». In der Realität gibt diese Klausel Lidl praktisch das uneingeschränkte Recht, die vereinbarten Beschäftigungskonditionen jedes Arbeitnehmers zu ändern und bürdet ihm die Last auf, Einwände innerhalb eines Monats schriftlich gegenüber der Firma zu erheben.«

Vor dem Hintergrund fehlender Gewerkschaften in den Lidl-Filialen müsse ein Beschäftigter wirklich mutig sein, um Einwände gegen die ihm aufgezwungenen Änderungen zu erheben. Lidl, Aldi und ihr irisches Gegenstück Dunnes Stores sind nach Einschätzung von Brendan Archbold »Anti-Gewerkschafts-Unternehmen«, die auf eine hohe Fluktuation ihrer Mitarbeiter angewiesen sind, um die Lohnkosten niedrig zu halten. Ihr »Streben nach Wettbewerbsfähigkeit auf der Basis von Ausbeutung« stünde im Widerspruch zu sozialer Partnerschaft. »Eingedenk der globalen Ausrichtung von Lidl scheint es höchste Zeit zu sein, dass die Gewerkschaften auf gleicher Ebene antworten. Immerhin haben wir Gewerkschaften die internationale Solidarität erfunden lange bevor es das Wort Globalisierung gab.«

Drill für den Führungsnachwuchs

Verlockendes Angebot und dann kam der Alltagsterror

Eine Stelle als Management-Trainee bei Lidl in Irland – die Anzeige las sich für Angelika M. (Name geändert) verlockend. Kurz zuvor hatte sie ihr Betriebswirtschaftsstudium in Deutschland abgeschlossen. Sie erhielt die Stelle und wurde von Lidl gebeten, sich noch vor dem Start in Irland einen festen Wohnsitz zu suchen. Kaum angekommen machte Angelika M. die Erfahrung, dass Lidl einen sehr eigenwilligen Umgang mit seinem eigenen Führungsnachwuchs pflegt. Obwohl sie voller Tatendrang gestartet war,

Wenn bei Lidl Chef und Angestellte mal ein Schwätzchen halten...

gab sie nach zwei Monaten in Irland auf. Heute, mehr als zwei Jahre nach dieser Erfahrung, sagt sie: »Meine Erlebnisse bei Lidl haben mich nachhaltig geprägt. Die Firma befindet sich auf einem Kreuzzug und vertritt die Meinung, dass Menschen nur durch Einschüchterung und Kontrolle zur Arbeit zu motivieren sind.«

Angelika M. hat ihre Erfahrungen protokolliert

»Schon der erste Tag bei Lidl Irland verlief anders als erwartet. Stundenlang musste ich warten, was nicht nur mit der schlechten internen Organisation zu erklären war. Es gab einfach auch die Einstellung, dass Mitarbeiter ruhig lange warten dürfen. Schließlich bekamen ich und andere neue Kolleginnen aus Deutschland die Ausbildungspläne. Für mich war vorgesehen, dass ich monatlich in einer neuen Filiale und nach einem halben Jahr in anderen Abteilungen eingesetzt werden sollte. Dabei hatte ich beim Bewerbungsgespräch in der Neckarsulmer Lidl-Zentrale ausdrücklich gesagt, dass ich nicht die Position einer Bezirksleiterin anstrebe, sondern in die Verwaltung möchte. So war es auch in meinem Vertrag festgelegt. Doch auch ich sollte wohl wie alle Trainees in Irland zunächst ein Programm durchlaufen, das uns weniger ausbilden, als vielmehr zu Lidl-Führungskräften abhärten sollte.

Von Filiale zu Filiale

Mein erster Arbeitseinsatz war in einer Filiale, zwei Fahrstunden von der Zentrale entfernt. Lidl hatte zwar für die ersten zwei Wochen eine Unterkunft für mich gebucht, doch die musste ich jetzt umgehend räumen und mir am Ort der Filiale etwas Neues suchen. Im Geschäft wusste niemand etwas von meinem Eintreffen. Immerhin hatte ich in der ersten Filiale Glück mit Filial- und Bezirksleiter, die meine Fragen beantworteten und mich auch in übergeordnete Arbeiten einbezogen. In erster Linie musste ich aber auch als Trainee das tun, was in der Filiale anlag: Putzen, Regale auffüllen, Kassieren.

Nach den ersten zwei Wochen in Irland wurden alle Trainees ein- bis dreimal wöchentlich zu »Inventory Trainings« in verschiedene Filialen geschickt. Wir mussten die Läden von vorne bis hinten auf Vordermann bringen. So lief das regelmäßig. Wir arbeiteten von früh bis spät um 22 Uhr, fast pausenlos. Abends waren wir hungrig, müde und schlapp. Doch dann mussten wir uns ja immer noch ein Zimmer und eine warme Mahlzeit organisieren, was sich in den zumeist kleinen Ortschaften als echte Herausforderung erwies.

Bei einem Special Training mussten alle Trainees um 7 Uhr in einer weit entfernt liegenden Trainings-Filiale sein. Die Bezirksleiter waren für 9 Uhr bestellt. Zunächst mussten wir auch diese Filiale gründlich säubern. Dann aber stand das Special Training zum richtigen Einräumen der Sonderangebotstische auf dem Programm. Wir sollten die Ware nach einfachen Vorgaben platzieren. Bei der Abnahme gab es Rüffel in rauem Ton, auch wenn nur völlig unwesentliche Details nicht korrekt waren. Gab die Distriktleitung dann doch ihr Okay, mussten wir sofort beginnen, den Tisch mit neuen Artikeln zu bestücken. Vier Stunden lang dauerte das Training, es war eine einzige Demütigung.

Die Bezirksleiter mussten regelmäßig alle Artikel, die aus dem Verkauf genommen wurden, mit den Listen in der »Write Off Zone« vergleichen. Es handelte sich um unverkäufliche Produkte wie verdorbenes Obst, aufgeplatzte Milchtüten und Artikel, die das Verfallsdatum überschritten hatten. Alles wurde in Tüten gesammelt und akribisch auf Listen eingetragen, was aus dem Verkauf genommen worden war. Eine schmutzige Arbeit, denn die Artikel waren gammlig, klebrig und matschig. Einmal wurde absichtlich zu einem Bezirksleitertreffen ein solcher Einsatz angeordnet. Bei diesen Treffen tragen alle Bezirksleiter und Trainees Anzüge oder Kostüme. Natürlich war bei vielen nach dem Aussortieren der abgeschriebenen Waren die Geschäftskleidung ruiniert. Einzelne Mitarbeiter wurden bei solchen Einsätzen regelrecht vorgeführt: So musste ein Bezirksleiter, der bereits zwei Jahre bei Lidl beschäftigt war, vor dem anwesenden Personal kniend mit einem Messer einen festgetretenen Kaugummi vom Boden entfernen.

> **»GENERELL GILT DAS PRINZIP: MÖGLICHST VIELE MENSCHEN OHNE AUSBILDUNG«**

Generell gilt bei Lidl das Prinzip, möglichst viele Menschen ohne Ausbildung sowie Migranten einzustellen. Das sagte uns der so oft angekündigte Vorgesetzte bei einem der Inventory Trainings. Einwanderer und kaum qualifizierte Mitarbeiter wären arbeitsfreudiger und dankbarer. Außerdem könnten sich diese Beschäftigten von Grund auf in das Lidl-System einbringen. Und schließlich biete Lidl fleißigen Mitarbeitern eine Perspektive, z.B. den Aufstieg vom Filial- zum Bezirksleiter. Mir schien, dass das allerdings nur Beschäftigten offen stand, die sich den rigiden Lidl-Führungsstil völlig zueigen machen.

Living on the road

Da ich – wie auch die übrigen Trainees – so häufig die Arbeitsorte wechseln musste, konnte ich mir keine feste Bleibe suchen. Stattdessen wechselte ich alle zwei bis drei Nächte meine Bed & Breakfast-Unterkünfte und reiste mit all meinen Habseligkeiten im Firmenauto durch die Gegend. Waschsalons gab es in den kleinen Orten, in denen ich arbeitete, nie. So wusch ich meine Kleidung in den Waschbecken der Unterkünfte und konnte immer nur hoffen, dass ich lange genug vor Ort bleiben konnte, bis alles trocken war.

Sehr unangenehm empfand ich es, wenn wir bei Meetings in der Zentrale unsere Autoschlüssel für Fahrzeugkontrollen abgeben mussten.

Schließlich hatten die Vorgesetzten auf diese Weise die Gelegenheit, im Auto in meinen persönlichen Sachen herumzuschnüffeln.

Arbeiten ohne Ende

Oft hatten wir nur einen freien Tag in der Woche, die Arbeitstage waren 14, 16 Stunden lang und die Nächte viel zu kurz. Zeit für persönlichen Kontakt zu den Einheimischen gab es nicht. Durch die körperlich anstrengende Arbeit, fehlende Erholungsphasen und ständiges Reisen wurde ich krank. Irgendwann hatte ich eine Grippe, 39 Grad Fieber, starken Husten und Schnupfen. Ich schleppte mich einer Ohnmacht nahe zur Arbeit. Fünf Stunden lang räumte ich Regale ein. Obwohl ich offensichtlich krank war, musste ich bis 23 Uhr arbeiten, und da ich für den Safe verantwortlich war, sollte ich am nächsten Morgen um 7 Uhr wieder antreten. Nach meinem Eintreffen versuchte ich, die Verantwortung dafür an einen Kollegen abzugeben, denn ich wollte endlich zum Arzt gehen. Doch alle in Frage kommenden Mitarbeiter/innen weigerten sich, mich zu entlasten. Als schließlich mein Vorgesetzter gegen Mittag in die Filiale kam, flehte ich ihn regelrecht an, mich zum Arzt gehen zu lassen. Trotzdem musste ich noch zweieinhalb Stunden bis zur Übergabe warten.

Ich sagte dem Bezirksleiter, dass ich mich für zwei Tage krankschreiben lassen werde. Er wollte mir aber nur einen Tag Auszeit zugestehen, mehrmals forderte er mich drohend dazu auf, meinen Freizeittag dafür einzusetzen. Ich ignorierte seine Drohungen aber und kurierte meine Grippe aus.

Foto: Archiv

Privatkontakte unerwünscht

Unter Kollegen witzelten wir manchmal über die Lidl-Vorschrift, Privatkontakte unter Beschäftigten zu unterlassen. Dazu wurden wir bereits bei der Ankunft in Irland aufgefordert, ich hielt dieses Ansinnen zunächst für einen schlechten Scherz. Die offizielle Begründung für diese Regel lautete, dass so Diebstähle verhindert werden sollten. Ein Kollege verglich das System mit der Stasi und spottete, hinter dem ein oder anderen Trainee könne sich ein IM verstecken. Wir lachten zwar, aber ich hatte tatsächlich das Gefühl, nicht allen vertrauen zu können.

Kurz darauf verging mir das Lachen endgültig. Ein Vorgesetzter sprach mich darauf an, dass ich mit einem Kollegen im Kino gewesen sei. Die Firma wolle so etwas nicht. Tatsächlich hatte ich mich mit dem Kollegen zum Kinobesuch verabredet, von diesem Treffen aber niemandem etwas erzählt.

Noch mulmiger wurde mir, als ein deutscher Vorgesetzter aus der Führungsmannschaft mir Bemerkungen vorhielt, die ich Wochen zuvor am anderen Ende von Irland bei einem Inventory Training geäußert hatte. Ich hatte allmählich das Gefühl, bei Lidl unter ständiger Beobachtung zu stehen.

Fazit

Nach meiner Rückkehr aus Irland habe ich mit vielen Freunden und Bekannten über die Gebaren der Firma Lidl geredet. Es wird die klassische Haltung des »nach unten treten und nach oben buckeln« vertreten. Mitarbeitern steht das Unternehmen grundsätzlich misstrauisch gegenüber, man glaubt, Menschen nur durch Einschüchterungen und Kontrollen zur Arbeit motivieren zu können. Ich bin generell skeptischer gegenüber Supermarkt- und Discounterketten geworden und kann nur jedem empfehlen, sich intensiver mit den Produkten, die man kauft, und den Geschäften, in denen man kauft, auseinanderzusetzen.«

PROTOKOLL: WILFRIED SCHWETZ/GUDRUN GIESE

Lidl in Großbritannien

Trotz 380 Filialen kein leichter Stand

Lidl ist in Großbritannien mit rund 380 Filialen vertreten, hat allerdings keinen leichten Stand: Der Lebensmitteleinzelhandel wird dominiert von den »Großen Vier«, den Konzernketten Tesco, Asda (Wal-Mart), Sainsbury und Safeway. Wie in anderen Ländern unternimmt der deutsche Discounter große Anstrengungen, seine Präsenz weiter auszuweiten. Nach Angaben des britischen Marktforschungsinstituts IGD peilt Lidl bis zum Jahr 2010 die Zahl von 500 Filialen an. Die Expansionspläne treffen jedoch auf einen wachsenden Widerstand von Planungsbehörden und Bürgerorganisationen. Und auch dort, wo Lidl schon ist, sorgt das Unternehmen für negative Schlagzeilen.

Bereits 2004 wurde der Antrag Lidls zurückgewiesen, eine Filiale außerhalb der Innenstadt von Mansfield (Nottinghamshire) zu bauen. Die Planungskommission befürchtete negative Auswirkungen auf die Lebensfähigkeit des Ortszentrums und wachsenden Autoverkehr. Zudem wurde der Bedarf an einem weiteren Lebensmittelgeschäft in Frage gestellt. Auch Bewohner von Mansfield äußerten starke Bedenken und reichten zwei Petitionen mit zusammen 887 Unterschriften ein. Sie argumentierten, Lidl würde die Existenz eines nahe gelegenen Ladens gefährden, und der Ort sei ohnehin mit Lebensmittelläden überversorgt. Schließlich stellten sie fest: »Lidl ist kein Name von Rang, und Mansfield sollte beim Einzelhandel mehr auf Qualität achten.«

Ähnliche Diskussionen im Zusammenhang mit der Ansiedlung einer Lidl-Filiale in einem

Startjahr
1994

Filialen
385* Lidl

Beschäftigtenzahl
ca. 5.000

Umsatz
2,8 Mrd. Euro

Entwicklung
Für 2006 werden ca. 30 bis 40 neue Märkte erwartet

Discount-Konkurrenz
ca. 300 Aldi (1,1 Mrd. Euro); ca. 160 Netto.

* 01.01.2006

(Quellen: IGD, Planet Retail, eigene Berechnungen)

Gewerbegebiet gab es in Saltash, Cornwall. Sogar ein Mitglied des britischen Unterhauses, Colin Breed (Liberaldemokraten), übermittelte seine Bedenken gegen die Ansiedlung, die zu einer »Schließung oder Verlagerung von Unternehmen, die in Saltash hundert Arbeitsplätze bieten«, führen könne.

Zu einer Strafe von 3.185 Pfund ist Lidl im Februar 2005 von einem Gericht in West Berkshire verurteilt worden. Die Discount-Kette wurde für schuldig befunden, gegen das britische Gesetz über Gesundheit und Sicherheit am Arbeitsplatz verstoßen zu haben. Arbeitsschutzinspektoren hatten innerhalb weniger Tage zwei Mal die Blockierung von Notausgängen in einer Filiale beanstandet.

Zur gleichen Zeit war Lidl auch in Burnham-on-Sea, Somerset, Thema in den Lokalmedien. Nachbarn einer neu errichteten Lidl-Filiale erregten sich über einen acht Fuß hohen massiven Zaun, den Lidl rund um das Firmengrundstück gebaut hatte – und der nur einen 45 cm breiten Zwischenraum zwischen Zaun und Gartenmauer ließ, so dass die Bewohner nicht mehr ihre Gartenausgänge benutzen konnten. Einige Wochen später verärgerte Lidl die Bürger mit seinem neuen freistehenden Firmenlogo, so groß wie einige Häuser in der Gegend, wie die Lokalzeitung vermerkte. Stadtbürgermeisterin Louise Parker zeigte sich ebenfalls verstimmt und beklagte, dass Lidl Planungsauflagen ignoriert hatte.

Starke Kritik hat Lidls Umgang mit der Öffentlichkeit in Dundee, Schottland, hervorgerufen. Laut der Zeitung »The Courier« vom 15. Oktober 2005 beklagten sich Politiker über einen »unverantwortlichen« Aktionsverkauf billiger Feuerwerksartikel in den Filialen in Dundee. Damit hatte Lidl gegen den freiwilligen Kodex des Einzelhandels verstoßen, im Vorfeld des Guy-Fawkes-Day keine Feuerwerksartikel zu führen, um Unfälle zu vermeiden. Bei dem Feiertag handelt sich um den Jahrestag der Pulververschwörung gegen König James I. im Jahre 1605, traditionell begangen mit Freudenfeuer und Feuerwerk. Lidl hatte Diskussionen über sein kritisiertes Verhalten verweigert, Telefonanfragen von Journalisten wurden nicht zur Pressestelle durchgestellt. »Eine solche Verweigerung verbessert das Ansehen von Lidl nicht und macht die Sache nur noch schlimmer«, kommentierte Shona Robinson, Mitglied im Schottischen Parlament für Dundee-Ost.

WILFRIED SCHWETZ

Lidl in Polen
Discounter handeln gegen Recht und Gesetz

Probleme, Personal zu bekommen hat Lidl in Polen nicht: »Bei einer Arbeitslosigkeit von 30 Prozent in der Region ist doch klar, dass sich die Leute zunächst über einen Job bei Lidl freuen.«, sagt Malgorzata L. aus Olsztyn. Aber die Freude währt nicht lange. Die seit vier Jahren in regelmäßigen Abständen durchgeführten Kontrollen der Polnischen Staatlichen Arbeitsinspektion belegen eindrucksvoll: Bei Lidl Polen herrscht ein ausgeklügeltes System von Arbeitshetze und Unterwanderung der Rechte der dort Beschäftigten.

Konkurrenz und Aufholjagd zu Lasten der Beschäftigten

»Gemeinsam werden wir Erfolg haben!« Mit diesem Slogan wirbt Lidl Polen auf seiner Internetseite, den Billig-Discounter bei der Suche nach geeigneten Grundstücken für weitere Filialen zu unterstützen.

2001 trat die Schwarz-Gruppe in Polen an. Relativ spät, denn der Kampf um den Discounter-Markt tobte zu dem Zeitpunkt bereits viele Jahre. Insbesondere die Kette »Biedronka« (Maikäfer), die frühzeitig von der portugiesischen Jerónimo Martens-Gruppe aufgekauft wurde, ist bislang mit beinahe 800 Filialen federführend. Wie sie mit Billigangeboten die Marktspitze erobern konnte, davon zeugen die Berichte ehemaliger Biedronka-Angestellter, die sich in der »Gesellschaft der Biedronka-Geschädigten« zusammengeschlossen haben und nun gegen die Konzernspitze Prozesse führen.

Startjahr
2002

Filialen
150* Lidl, 67* Kaufland

Beschäftigtenzahl
Lidl ca. 2.600

Umsatz
1,6 Mrd. Euro (Schwarz-Gruppe, 2004)

Ranking
Platz 2 Handel (Lidl + Kaufland)

Entwicklung
Für 2006/2007 werden ca. 50 neue Filialen von Lidl und ca. 10 neue Märkte von Kaufland erwartet

* 01.01.2006   (Quellen: Lebensmittel-Zeitung, Planet Retail, EHI, eigene Berechnungen)

Mit großem Schwung begaben sich Lidl und Kaufland auf Verfolgungs-
jagd: Laut Aussage des Kaufland-Pressesprechers Marcin Knapek bestanden
im Januar 2006 bereits 73 Filialen dieses Unternehmens der Schwarz-Gruppe mit 6171 Mitarbeiter/innen und laut Forschungsstelle »Planet Retail« um
die 150 Lidl-Filialen mit hochgerechnet um die 2.600 Angestellten. Von Lidl
Polen selbst erhält man solche Informationen nicht. Und bei der Frage nach
den Umsatzzahlen hört auch beim Kaufland-Vertreter die Offenheit auf:
Solche Zahlen würden Dritten nicht mitgeteilt, lautet die knappe Antwort.

Der Konkurrenzkampf zwischen den Firmen wird auf dem Rücken der
Beschäftigten ausgetragen. Jadwiga Tarnawa, Vorsitzende der Abteilung
Banken, Handel und Versicherungen beim polnischen Gewerkschaftsdachverband Solidarnosc, ist der Ansicht, dass die auf den polnischen Markt
drängenden westlichen Arbeitgeber Beschäf-
tigte in Polen ausschließlich als billige Arbeitskräfte ansähen, die kein Recht auf angemes-
sene Arbeitslöhne und Bedingungen hätten.

»ER MEINTE, WIR SOLLTEN

ARBEITEN, SOBALD UND

SOLANGE ES HELL IST«

Im Vergleich zu Deutschland ist in Polen
Arbeitslosigkeit ein noch größeres Problem.
Im Winter 2005/2006 lag die Quote landesweit bei 17 bis 18 Prozent. In bestimmten
Regionen ist sie sehr viel höher und kann bis
zu 40 Prozent betragen. Auch die Löhne sind erheblich niedriger, während
das Preisniveau fast deutsche Ausmaße erreicht. Nach Angaben ehemaliger
Lidl-Mitarbeiter/innen lag 2004 das durchschnittliche Kassierergehalt bei ca.
800 Zloty brutto, was momentan knapp 200 Euro entspricht. Dass Lidl
unter solchen Bedingungen enorme Gewinne einfährt, lässt sich unschwer
erahnen.

Arbeitszeiten bei Lidl/Kaufland

Auch die Öffnungszeiten lassen den Konzern-Managern das Herz
schneller schlagen: Bei Lidl sind montags bis samstags von 8 bis 21 Uhr und
sonntags von 8 bis 18 Uhr die Türen offen. Und: Die bereits geringen Löhne
halten das Management nicht davon ab, durch unbezahlte Überstunden die
Einkommen faktisch noch weiter zu senken. Trotz erweiterter Öffnungszeiten arbeitet das Lidl-Management zudem daran, den Verkauf auch an Feier-
tagen weiterlaufen zu lassen.

Krystyna W. aus Wroclaw schildert, wie ihre Tätigkeit bei Lidl aussah: Zu
Beginn galt eine Arbeitszeit von 45 Stunden wöchentlich als normal. Dann
zog das Arbeitsregime langsam aber sicher an. Von Monat zu Monat wurde
mehr gearbeitet: Mal 15 Minuten täglich, mal eine halbe Stunde. Im Sommer 2003 wollte der Chef gar eine Arbeitszeit von 6 bis 22 Uhr vorschrei-
ben. »Er meinte, wir sollten arbeiten, sobald und solange es hell ist«. Das
wurde schließlich zwar nicht umgesetzt, aber eine ständige Arbeitszeit von
6 bis 20 Uhr blieb; 14 Stunden!

Bei Kaufland registrierte die polnische Staatliche Arbeitsinspektion viele Kassiererinnen, die eine Dreiviertel-Stelle haben, aber 14 Stunden am Stück arbeiteten. Ein Angestellter, der die Frühschicht von 5 bis 14.30 Uhr gearbeitet hatte, musste am selben Tag die Nachtschicht von 22 bis 7.30 Uhr am nächsten Morgen übernehmen. Andere Mitarbeiter/innen mussten von 15.30 bis 22 Uhr und dann wieder von 6 bis 14 Uhr in die Filiale. Damit wurden nicht nur unzulässig viele Stunden gearbeitet, sondern von der Filialleitung auch die vorgeschriebenen elf Stunden, die einer/m Arbeiter/in zur Erholung zustehen, verweigert.

Außerdem halten sich weder Lidl noch Kaufland an die Fünf-Tage-Woche. Stattdessen kommt es häufig vor, dass Angestellte nur 1 oder 2 freie Tage im Monat haben. Auf diese Art sammeln sich viele Überstunden an. Bei einer Kaufland-Inspektion trafen die Beamten auf Beschäftigte, die 2002 von August bis Dezember 199,50 und 225,50 Überstunden geleistet hatten.

Und stimmt wenigstens die Entlohnung? Piotr Morawski und weitere ehemalige Kollegen aus einer Kaufland-Niederlassung in Tarnobrzeg können da nur müde lächeln: Sie haben sich entschlossen, von sich aus zu kündigen und Kaufland auf Nachzahlung der nicht bezahlten Überstunden zu verklagen. Als Abteilungsleiter bestand Morawskis trauriger Rekord in 25,5

Die Preise und noch mehr im Blick   *Foto: Bruder*

Stunden, die er ununterbrochen arbeitete. Der junge Mann verdiente mehr als eine Kassiererin, nämlich 1000 bis 1.100 Zloty netto (etwa 250 bis 275 Euro). Hochgerechnet auf die Stunden, die er dafür im Laden verbrachte, bleibt es dennoch ein Skandal.

Aus solchen Fallschilderungen wie aus den Berichten der Staatlichen Arbeitsinspektion geht deutlich hervor, dass alle Angestellten enormem Arbeitsdruck unterliegen. Magdalena O. aus Poznan bestätigt, dass es vor Neueröffnung einer Lidl-Filiale üblich war, vierzehn Stunden durchzuarbeiten. Außerdem sollte sie außerhalb der Läden Hinweisschilder an Ampeln, Masten und Bäumen per Hand aufhängen, obgleich dies gesetzlich nicht gestattet ist. Ihr Vorgesetzter, darauf angesprochen, reagierte lässig: Sie solle sich nicht so anstellen – wenn es zu Komplikationen käme, würde Lidl schon zahlen.

Erschreckende Ergebnisse

Dass die Arbeitszeit-Praktiken oft gesetzwidrig sind, dürfte auch den Führungskräften von Lidl und Kaufland bekannt sein. Jedenfalls werden

Lidl-Schachtel mit Schnörkel   *Foto: Bruder*

Arbeitszettel, auf denen die Arbeitszeiten der Mitarbeiter/innen verzeichnet sind, nur ungenau und unvollständig geführt. Auf diese Weise versucht das Management offenbar, sich einer genaueren Kontrolle zu entziehen.

Aber auch darauf sind die Kontrolleure der staatlichen Behörde unterdessen eingestellt: Sie sehen nicht mehr nur die Personalunterlagen und Arbeitszettel ein, sondern beschlagnahmen und werten zusätzliche Materialien wie Kassenbons, Filme der Überwachungskameras oder Arbeitsunterlagen des Wachschutzes aus, der die Gebäude kontrolliert. Detektivisch wird auf dieser Grundlage nachvollzogen, wer wo wie lange war und gearbeitet hat. Ohne Jagdinstinkt kämen die staatlichen Ordnungshüter den Praktiken der Schwarz-Gruppe nicht auf die Schliche.

Erschreckendes Ergebnis: Systematisch werden Arbeitszeiten überzogen, Ruhepausen verletzt und Überstunden geleistet, die nicht angemessen oder gar nicht entlohnt werden. Über kurz oder lang sind das Bedingungen, die krank machen. Physisch und psychisch.

Arbeiten bis zum Umfallen

Davon kann Justyna S. aus Lodz ein Lied singen: Die junge Frau war mehrere Jahre bei Lidl beschäftigt. Überstunden, so bestätigt sie, waren an der Tagesordnung. Wurde dagegen auch nur leise protestiert, signalisierte der Vorgesetzte sofort, dass man jederzeit mit der Kündigung zu rechnen habe. Im Grunde, so die ehemalige Angestellte, fühlten sie und ihre Kolleginnen sich ständig vom möglichen Jobverlust bedroht. Da ihre Familie von ihrem Einkommen abhängig war, schluckte sie ihren Unmut und arbeitete mit zusammengebissenen Zähnen und der Faust in der Tasche weiter. Bis zum Umfallen. Kam sie nach Hause lag sie sofort auf dem Bett. Selbst die Kraft, die Schuhe auszuziehen, schien ihr oft zu fehlen. Ihre kleine Tochter, gerade einmal vier Jahre alt, sah die Mutter praktisch nicht mehr. Ohne die Großeltern, die sich um die Kleine kümmerten, wäre die Situation ohnehin nicht zu meistern gewesen. Ein normales Familienleben war unter diesen Umständen nicht möglich. Die Ehe, so ihr Mann, stand kurz vor dem Scheitern, die Partner redeten kaum mehr miteinander. Als die junge Frau es nicht mehr aushielt und ihrem Vorgesetzten entgegentrat, fackelte dieser nicht lange: Innerhalb weniger Tage lag die Kündigung im Briefkasten. Für die Familie finanziell eine Katastrophe, aber schlussendlich die Rettung ihrer Ehe.

Teilzeit – auf dem Papier

Um aus den Angestellten den maximalen Gewinn herauszuholen, stellen die Billig-Discounter auch in Polen, so Alfred Bujara, stellvertretender Vorsitzender des Bereichs Handel bei Solidarnosc, mit Vorliebe nur Arbeitsverträge über eine begrenzte Stundenzahl aus. Das bestätigt sich im Bericht der Staatlichen Arbeitsinspektion über eine Kontrolle bei Kaufland-Filialen, in dem festgehalten wird, dass die meisten Angestellten dort keine vollen Stellen haben, sondern auf Viertel-, Halbtags- oder Dreiviertel-Stellen arbeiten. Auch Lidl-Mitarbeiter/innen bestätigen auf Nachfrage, dass das die bevorzugten Arbeitsverträge sind. Auf diese Weise zahlt Lidl weniger Steuern und Abgaben. Und es bleibt ein großzügiger zeitlicher Puffer, in dem die Angestellten schuften dürfen – umsonst, versteht sich, sonst wäre es ja kein Gewinn.

FRANZISKA BRUDER

VON DER POLNISCHEN ARBEITSINSPEKTION REGISTRIERTE

LIDL-VERSTÖSSE IN ZAHLEN (1)
VIEL MEHR ALS EINE MÄNGELLISTE

2004 wurden von der Staatlichen Arbeitsinspektion 61 Lidl-Läden und damit etwa die Hälfte des polnischen Filialnetzes kontrolliert. In den aufgesuchten Läden waren insgesamt 1220 Personen beschäftigt, darunter 942 Frauen. Folgende Mängel bzw. Rechtsverstöße wurden aufgenommen:

- *In 89 Prozent der Einrichtungen wurden Verstöße gegen Ruhezeiten festgestellt, das bedeutet in Polen, dass es keine elf Stunden Ruhezeit zwischen Arbeitsende und erneutem Arbeitsbeginn gab. Dies betraf 313 Arbeiter/innen [= ein Viertel].*

- *In 80 Prozent der Einrichtungen wurden falsch geführte Arbeitsindexe über die Arbeitszeiten festgestellt, im Grunde aber, so die Behörde, seien diese Unregelmäßigkeiten bei allen 1220 Beschäftigten festzustellen.*

- *In über der Hälfte der Einrichtungen wurden Überstunden falsch abgerechnet.*

- *In 23 Prozent der Einrichtungen wurde Nachtarbeit falsch aufgeschrieben, dies betraf 78 Mitarbeiter/innen.*

- *In 64 Prozent der Einrichtungen wurden Überstunden nicht ordnungsgemäß entlohnt. Dies betraf 843 Mitarbeiter/innen.*

- *In 26 Prozent der Einrichtungen wurden keine Zuschläge für Nachtarbeit geleistet, dies betraf 80 Mitarbeiter/innen.*

- *In 25 Prozent der Einrichtungen wurde die Arbeit nicht bezahlt, die über die im Arbeitsvertrag festgelegten Zeiten hinausging. Dies betraf 70 Mitarbeiter/innen.*

- *In 30 Prozent der Einrichtungen wurden Verstöße in Arbeitsverträgen festgestellt. Faktisch beträfe dies aber, so die Behörde, alle Mitarbeiter/innen.*

Strenge Kontrolle und ungebremste Arbeitshetze

Solidarnosc: Ein System der Angst

Das Modell kommt aus Deutschland: Mit zuvorkommendem Personal und kurzen Wartezeiten an den Kassen will Lidl neue Kund/innen anziehen. Für die Kassiererinnen ist dies in der Regel mit strenger Kontrolle und Arbeitshetze verbunden. Beim Gang in einen Lidl-Markt in Polen fallen die vielen Kameras auf. Die auffälligste Häufung findet sich im Kassenbereich, die Linsen sind auf die Verkäuferinnen gerichtet. Die »Firmenphilosophie« jedoch, nachzulesen auf der Internetseite von Lidl, spricht von »gegenseitigem Respekt und Vertrauen«. Nicht genannt wird der Grundsatz: Vertrauen ist gut, Kontrolle ist besser. Oder wofür steht der im Eingangsbereich aufgehängte Monitor, mit dem den Kunden demonstriert wird, dass man sie im Auge behält?

Kontrolle findet auch auf anderen Ebenen statt: So steht ein Vorgesetzter vor der Niederlassung schon mal hinter einem Baum und kontrolliert, wann die Angestellten das Büro verlassen. Oder es gibt koordinierte Anrufe, die Standort und Tätigkeit von Mitarbeiter/innen im Außendienst überprüfen. Die Freundlichkeit, die von Lidl- und Kaufland-Angestellten gegenüber

Protest in Poznan gegen internationalen Kaufland-Kredit

Foto: Anna Roggenbuck, CEE Bankwatch Network

den Kunden gefordert wird, findet keine Entsprechung im Betriebsklima. Im Gegenteil: Ehemalige Mitarbeiter/innen schildern den Umgangston als durchgängig vulgär und beleidigend. Erniedrigungen gehören zur Tagesordnung.

Marta B. aus Szczecin ist noch heute, zwei Jahre nach ihrer Kündigung, deutlich anzumerken, wie nah ihr diese ständigen Demütigungen gingen. Ihr Vorgesetzter sprach sie mit einem im Polnischen besonders drastischen Wort für Prostituierte an und schlug während der Dienstbesprechungen zur Einschüchterung mit einem Lineal drohend auf den Schreibtisch. Morawski aus Tarnobrzeg berichtet von ähnlichen Methoden: Nachdem sein Chef ihn trotz Krankheit zuhause anrief und ihn nötigte, auf der Arbeit zu erscheinen, steckte er ein Aufnahmegerät in die Tasche und zeichnete die verbalen Entgleisungen des Chefs auf. Diese werden nun beim Prozess als Beweismittel hinzugezogen.

Wie Morawski wurde auch Marta B. ständig von ihrem Vorgesetzten zu Hause angerufen – Anrufe gab es selbst im Urlaub. »Können Sie sich das vorstellen«, fragt ihr Ehemann: »Wir sind für einige Tage weggefahren, stehen auf der Skipiste und das Telefon klingelt. Wer ist dran? Martas Chef! Will mit meiner Frau in ihrem Urlaub über einige interne Probleme reden, die keineswegs dringend sind.«

VON DER POLNISCHEN ARBEITSINSPEKTION REGISTRIERTE

LIDL-VERSTÖßE IN ZAHLEN (2)

- *In 26 Prozent der kontrollierten Lidl-Einrichtungen stellte die polnische Aufsichtsbehörde Verstöße bei der Führung der Personalakten fest. Die Behörde ergänzt, dass sie nicht in alle Personalakten Einsicht erhalten habe.*

- *In 25 Prozent der Einrichtungen wurden Verstöße im Entlohnungssystem festgestellt. Dies, so die Behörde, betreffe aber alle Mitarbeiter/innen.*

- *In 23 Prozent der Einrichtungen gab es Verstöße bezüglich berechtigter Urlaubsansprüche. Dies betraf 42 Personen.*

- *In 44 Prozent der Einrichtungen gab es Beanstandungen bezüglich des Transportes innerhalb des Betriebes. Wege waren nicht ausreichend markiert oder Gewichtsnormen beim eigenhändigen Transport von Gegenständen wurden nicht eingehalten.*

- *In 43 Prozent der Einrichtungen gab es Beanstandungen bezüglich der Schulung des Personals und der ärztlichen Untersuchung.*

Foto: transit/ Polentz

Diese Praktiken dienen vor allem einem Zweck: Sie demonstrieren den Angestellten, dass sie mit Haut und Haaren der Firma gehören. Ab jetzt bestimmen Lidl und Kaufland über ihr Leben. Bei Lidl wird es auch nicht gern gesehen, wenn Angestellte ein freundschaftliches Verhältnis zueinander entwickeln. Marta B. erzählt, dass sie angehalten wurden, Kollegen zu siezen. Was zu der absurden Situation führte, dass sie in Gegenwart von Vorgesetzten Kolleginnen siezte, die sie sonst nur mit Vornamen ansprach. Isolierte Mitarbeiter/innen, so die Logik, können besser eingeschüchtert werden und sich nicht effektiv wehren.

Wie sieht es mit garantierten Rechten der Angestellten wie dem auf gewerkschaftliche Organisierung und Vertretung aus? »Wir gehen wieder in den Untergrund«, lautet die Ansage eines Gewerkschaftsaktivisten, der bei Biedronka für die Mitgliederwerbung und – organisierung zuständig ist. Die Tatsache, dass kein einziger Angestellter von Lidl und Kaufland Mitglied des Gewerkschaftsverbundes Solidarnosc ist, spricht eine deutliche Sprache. Auch in Polen geht die Schwarz-Gruppe nach Angaben von Solidarnosc aggressiv gegen Gewerkschaften vor. In keiner Filiale ist aus diesem Grunde eine Gewerkschaftsgruppe aktiv.

Im Herbst 2003 gab es zum Beispiel in Slupsk einen Versuch, die Gewerkschaft in der dortigen Kaufland-Filiale zu etablieren – der Versuch schlug fehl. Das Management entließ die beiden Arbeiter, die sich als Gewerkschaftsmitglieder zu erkennen gegeben hatten. Die Bedingungen in der Kaufland-Filiale waren derart miserabel, dass auch die Inspektorin der Arbeitsschutzbehörde, Bozena Walczak-Siwek, die den Betrieb kontrolliert hatte, erschüttert war. Drama-

»SIE KOMMEN ZU UNS MIT TRÄNEN IN DEN AUGEN«

tisch war insbesondere das Ausmaß psychischer Übergriffe. »Die Leute von Kaufland kommen zu uns mit Tränen in den Augen«, berichtet der Solidarnosc-Aktivist Tadeusz Pietkun aus Slupsk. Und schiebt hinterher, dass trotz der weit verbreiteten starken Angst Angestellte von Kaufland gewonnen werden konnten, die auf einer Pressekonferenz über ihre Arbeitssituation berichteten. Allerdings unter einer Bedingung: Dass sie dort mit Maske sprechen konnten – so sehr wirkt das System von Einschüchterung und Druck.   FB

Protest gegen negative Folgen der Discount-Ansiedlung

K eine weiteren Supermärkte!« – so lautete die Parole von Händlern im südwestpolnischen Krapkowice. Denn nicht überall ist die Freude groß, wenn bekannt wird, dass Discounter wie Lidl oder andere Supermarktketten neue Filialen eröffnen. In vielen polnischen Städten gab es bereits organisierte Proteste, auch gegen Lidl-Niederlassungen wie im November 2002 in Nowy Dwór. Diese Proteste finden statt, weil mittlerweile die Folgen der Ansiedlung von Billig-Läden für die regionale Infrastruktur sichtbar sind. 2002 hatten zum Beispiel in Krapkowice jeweils Lidl und Plus eine Filiale aufgemacht. Seitdem mussten örtliche Betriebe, vor allem kleine Lebensmittelläden und auch Bäckereien schließen. Sie waren nicht in der Lage, bei dem aggressiven Preisdumping mitzuhalten.

VON DER POLNISCHEN ARBEITSINSPEKTION REGISTRIERTE

LIDL-VERSTÖßE IN ZAHLEN (3)

- *In 36 Prozent der Einrichtungen gab es Beanstandungen wegen der Arbeitsklei-dung und des Arbeitsschutzes. So gab es keine individuellen Schutzmittel wie Arbeitsbrillen, Gummihandschuhe oder Arbeitsschuhe.*

- *In 18 Prozent der Einrichtungen gab es Verstöße bei den sanitären Einrichtungen. Das bedeutete eine mangelhafte Ausstattung des sanitären Bereiches, mangelhafte Ausgestaltung bezüglich Art und Größe des Bereiches.*

- *In 16 Prozent der Einrichtungen gab es Beanstandungen bei den Arbeitsräum-lichkeiten. So gab es keine oder mangelhafte Fluchtwege, eine mangelhafte technische Ausstattung der Arbeitsräume, mangelhafte Kennzeichnung von gefährlichen Bereichen.*

- *In 8 Prozent der Einrichtungen gab es Verstöße gegen die Belüftung, die Beleuchtung oder die Beheizung.*

Als bekannt wurde, dass 2004 nun auch noch eine Filiale der britischen Lebensmittelkette Tesco entstehen sollte, unterschrieben 200 Firmen einen Protestbrief. Die Filialisten, so hieß es dort, ruinieren die Gemeinden. Im Juni 2004 protestierten in Zabrze (Südpolen) kleine Händler gegen die Eröffnung eines Kaufland-Geschäfts. Und im selben Monat hagelte es Widerstand von örtlichen Betrieben und Händlern in Kedzierzyn-Kozle (Südwestpolen) gegen die Eröffnung eines Lidl-Marktes und anderer Geschäfte. In Chelm, das unweit der ukrainisch-polnischen Grenze liegt, gingen Einzelhändler im Sommer 2005 gegen die Eröffnung eines Lidl-Marktes vor. Auch sie befürchten den Verlust von Kunden.

Die Berechtigung der Ängste wird von kompetenter Seite bestätigt: Piotr Kucharzyk, Chef der Firma ABC Trade Marketing ist der Ansicht, dass in Polen die größten Gegner kleiner Läden Billig-Discounter wie Lidl oder Biedronka sind. Nach seiner Einschätzung geht innerhalb eines Monats circa die Hälfte der Kundschaft verloren, wenn in der näheren Umgebung ein solcher Laden aufmacht. Grundsätzlich verschlechtere sich auch in Polen die wohnortnahe Versorgung, so die Einschätzung anderer Handelsexperten.

Unmut über europäisches Darlehen

Auch auf anderen Ebenen regt sich Widerstand: Am 29. September 2005 standen im westpolnischen Poznan Mitglieder der »Inicjatywa Pracownicza« (Arbeiter-Initiative) und vom Banken-kritischen Netzwerk CEE bankwatch mit Transparenten vor Filialen der Kaufland-Kette. Aufhänger ihres Protestes war die Entscheidung der Europäischen Bank für Wiederaufbau und Entwicklung vom Januar 2005, Kaufland ein Darlehen in Höhe von 160 Millionen Euro für den Ausbau ihres Geschäftsnetzes in mittleren

»DRUCK MIT DEM ZIEL DER MAXIMALEN KOSTENSENKUNG«

und kleinen Städten Polens zu gewähren. Die Inicjatywa Pracownicza verklagte die Bank, da auf diese Weise die Weiterentwicklung einer Firma vorangetrieben werde, die auf skandalöse Weise Arbeiter/innen-Rechte verletzt.

Im November 2005 veranstalteten die NSZZ Solidarnosc und der andere Gewerkschaftsdachverband OPZZ (Lódz) einen Aktionstag gegen die Ladenöffnung an einem staatlichen Feiertag, dem 11. November (Nationalfeiertag). Diese Initiative zeigte später Erfolg: Am 2. Weihnachtsfeiertag blieben die Geschäfte geschlossen.

Ärger erwächst Lidl Polen auch von Seiten ehemaliger Beschäftigter. Inzwischen sind mehrere Verfahren von Ex-Angestellten gegen das Lidl- und Kaufland-Management anhängig. Dabei geht es unter anderem um nicht bezahlte Überstunden.

Im Bericht der polnischen Arbeitsinspektion von 2005 heißt es abschließend über das »Einhalten der Arbeitsrechtsvorschriften in Supermärkten,

Hypermärkten und Discountern in den Jahren 1999-2005« bei Biedronka, Lidl und Kaufland, dass Ursache der Rechtsverstöße die »nicht adäquate Arbeitsorganisierung und die minimale Beschäftigungsstruktur [...] sowie der Druck der Hauptverwaltungen auf die Leitung der Geschäfte mit dem Ziel der maximalen Kostensenkung« sei. Gegen Lidl und Kaufland leitete die staatliche Behörde daher in den letzten Jahren mehrere Strafverfahren ein. Sie kündigte zudem an, ihre Kontrollen systematisch fortzuführen und sich dafür einzusetzen, dass Rechtsbrechung schärfer bestraft wird, um die Arbeitgeber dazu zu bewegen, sich an das in Polen geltende Arbeitsrecht zu halten.

In Zukunft aber wird es, wie der in der Solidarnosc für Mitgliedergewinnung zuständige Krzysztof Zgoda aus Gdansk meint, vor allem darauf ankommen, dass sich die Beschäftigten bei Lidl und Kaufland gemeinsam zur Wehr setzen und mit der Gewerkschaft ihre Rechte einfordern. Denn: So lange es in den Filialen keine Gewerkschaft gibt, die auf Einhaltung der Vorschriften achtet, werden auch die gründlichsten Kontrollen einer staatlichen Behörde an den systematischen Rechtsbrüchen nicht grundlegend etwas ändern können.

FRANZISKA BRUDER

Filialaktion von Solidarnosc am Internationalen Frauentag

Lidl in Tschechien

Harter Wettbewerb – nicht nur auf Kosten der Beschäftigten

Unternehmen wie Lidl und Kaufland haben den Handel total umgekrempelt

Erstmals schaffte es die Schwarz-Gruppe 2005 auf den zweiten Platz der umsatzstärksten Unternehmen in Tschechien. Auf rund 1,3 Mrd. Euro brachten es die 191 Filialen von Lidl und Kaufland, gut sieben Prozent mehr als im Vorjahr. Verantwortlich für die starken Zuwächse waren vor allem die Lidl-Filialen. Deren Umsatz kletterte zwischen 2004 und 2005 um satte 50 Prozent auf rund 420 Mio. Euro.

Dieser enorme Zuwachs ist in erster Linie auf eine steigende Zahl von Filialen zurück zu führen. Er geht einher mit einem enormen Druck auf die Beschäftigten. Zu denen hat die zuständige tschechische Handelsgewerkschaft OSPO nach eigenen Angaben kaum Zugangsmöglichkeiten. Ihr Vorsitzender, Alexandr Leiner, verweist auf die sehr hohe Fluktuation unter den Lidl-Beschäftigten, die nach seiner Einschätzung viel über die – schlechten – Arbeitsbedingungen bei dem Discounter aussagt. Im Herbst 2005 nahm die Gewerkschaft erstmals direkten Kontakt zum Lidl-Management auf. »Wir kündigten an, dass wir versuchen wollen, die Beschäftigten über ihre Rechte aufzuklären, insbesondere über das Recht, sich gewerkschaftlich zu organisieren«, so Leiner. Außerdem werde OSPO beobachten, wie sich das Verhältnis zwischen Beschäftigten und den erhofften Beschäftigtenvertretungen entwickeln werde.

Der Handelsplatz Tschechien wurde in den vergangenen Jahren durch ausländische Konzerne komplett umgekrempelt. Immer mehr rie-

Startjahr
2003

Filialen
124 Lidl, 67 Kaufland

Beschäftigtenzahl
unbekannt

Umsatz
420 Mio. Euro Lidl (von 1,3 Mrd. Schwarz-Gruppe*)

Discount-Konkurrenz
160-Penny (Rewe), 121 Plus (Tengelmann)

* Stand 2005

(Quellen: INCOMA Research + Moderni Obchod, Planet Retail, eigene Berechnungen)

sige Shoppingcenter und Hypermärkte – zum Teil rund um die Uhr geöffnet – entstanden in dem kleinen Land. Von den mittel- und osteuropäischen Ländern weist Tschechien die größte Dichte in diesem Segment auf. Von der anderen Seite verschärften die preisaggressiven Discounter den Wettbewerb. »Das Geschäft geht dabei zu Lasten der kleinen Läden, während die multinationalen Handelsketten höhere Zuwächse verbuchen können«, konstatiert die Bundesagentur für Außenwirtschaft (BFAI) in einer aktuellen Länderanalyse.

Kauften vor zehn Jahren noch zwei Drittel der Tschechen vorwiegend in kleinen SB-Märkten und klassischen Tante-Emma-Läden, sind es heute nur noch etwa 22 Prozent. Ging der Verdrängungswettbewerb bisher vor allem zu Lasten der traditionell genossenschaftlich organisierten tschechischen Einzelhandelsunternehmen, so trifft er jetzt auch ausländische Unternehmen. So zog sich die österreichische Julius-Meinl-Gruppe 2005 vom Markt zurück, nachdem ihre 67 Supermärkte immer größere rote Zahlen schrieben.

»KAUFLAND UND LIDL VERHALTEN SICH UNMORALISCH«

Die ebenfalls in Tschechien sehr aktive REWE-Gruppe prognostiziert für 2009 einen Marktanteil von 25 Prozent für Discounter und 60 Prozent für Hypermärkte. Für Tante Emma wird es eng. Neben dem traditionellen Einzelhandel spürt auch die Landwirtschaft und die Lebensmittelindustrie des Landes die Folgen. Schon 2004 warf der damalige tschechische Landwirtschaftsminister, Jaroslav Palas, den Discountmärkten, namentlich Kaufland und Lidl »unmoralisches Verhalten« gegenüber einheimischen Zulieferern vor. Landwirte würden zum Preisdumping gezwungen, Rechnungen erst mit Verzug beglichen.

Was der Expansion von Lidl im Weg steht, wird notfalls rücksichtslos entfernt. Bei der Eröffnung der ersten Lidl-Filialen im Jahre 2003 verschwanden in Nacht-und-Nebel-Aktionen 102 zum Teil sehr alte und hochgewachsene Bäume, die den Blick auf die Schnäppchen-Angebote behinderten. Tschechische Zeitungen äußerten damals den Verdacht, dass Lidl hinter den Aktionen stehe, Umweltschützer protestierten. Der Konzern schwieg zu den Vorwürfen öffentlich, bot aber den Umweltbehörden Ersatz-Pflanzungen an.

Mahnmal für gefällte Bäume

In der nordwestböhmischen Stadt Chomutov, wo unbekannte Täter vor einer Lidl-Filiale eine fast 100-jährige Linde gefällt hatten, wurde kürzlich eine Skulptur enthüllt, die an den Frevel erinnern soll. Sie stellt einen zwei Meter hohen Baumstumpf mit Wurzeln dar. Zur Enthüllung kamen rund 400 Menschen. Der Bildhauer Josef Sporgy hatte auf ein Honorar verzichtet. Die Stadtverwaltung von Chomutov bezahlte mehr als 6.500 Euro für den Ankauf des benötigten Steins. KK/GG

Lidl in der Slowakei

Warten hat sich gelohnt: Eine unangefochtene Stellung

Nach kurzer Zeit schon auf Platz 10 der Handelsunternehmen

Dass ein Konzern, der bei den Personalkosten auf jeden Cent achtet, aus strategischen Gründen auch mal auf Millionen verzichten kann, zeigte sich beim Markteintritts in der Slowakei. Mehr als 20 Filialen und das Zentrallager waren im Sommer 2004 fertig gestellt – und blieben über Monate zu. Grund dafür war ein in der Slowakei geltendes Gesetz aus dem Jahre 2001, mit dem die einheimische Wirtschaft gestützt werden sollte. Es sah vor, dass ausländische Filialbetriebe mindestens 65 Prozent Produkte aus der Slowakei führen mussten.

In die Strategie von Lidl passte diese Regelung nicht. Denn Lidl führt zu 80 Prozent Eigenmarken. So wartete man einfach ab, bis das missliebige Gesetz in Folge des EU-Beitritts verändert wurde. Im September 2004 öffneten mit Verspätung die ersten Lidl-Märkte. Bis dato waren Discounter in der Slowakei praktisch nicht existent. Seitdem hat sich der Markt in dem kleinen Land stark gewandelt.

Im Einzelhandel der Slowakei hat der genossenschaftlich organisierte Sektor traditionell eine starke Bedeutung. In den 28 Verbrauchergenossenschaften der COOP Jednota waren 2005 insgesamt 195 Supermärkte und mehr als 2.100 Läden für Waren des täglichen Bedarfs zusammengeschlossen, die die Versorgung bis ins kleinste Dorf sicherten. Bei den einzelnen Genossenschaften handelt es sich juristisch um selbstständige Einheiten. COOP Jednota ist einerseits seit einigen Jahren unter starken Druck durch die Hypermärkte ausländischer Konzerne

Startjahr
2004

Filialen
80* Lidl, 24 Kaufland

Beschäftigtenzahl
1.300 (geschätzt)

Umsatz
90,1 Mio. Euro (Lidl; 2005)

Entwicklung
12 neue Märkte für 2006 geplant

Discount-Konkurrenz
keine

* Stand 1.1.06

(Quellen: INCOMA Research + Moderni Obchod, Planet Retail, eigene Berechnungen)

wie Tesco, Metro oder eben auch Kaufland geraten. Von der anderen Seite greift jetzt der preisaggressive Discounter Lidl an. Die Genossenschaften verloren von 2004 zu 2005 immerhin rund 6 Millionen Euro Umsatz an die Konkurrenz.

Lidl punktet bei Einkommen unter 700 Euro

Nach Angaben des slowakischen Konsumforschungsunternehmens GfK punktete Lidl mit Preisen, die teilweise 20 bis 40 Prozent unter dem Marktdurchschnitt liegen, vor allem bei den einkommensschwachen Bevölkerungsschichten: Rentnern und Familien mit einem monatlichen Einkommen deutlich unter 700 Euro.

Das Filialnetz wuchs 2005 auf 90 Discounter, der Umsatz von mehr als 90 Mio. Euro katapultierte Lidl bereits auf Platz 10 der Handelsunternehmen in der Slowakei. Weitere 12 Filialen sind für 2006 geplant. Nach den jüngsten GfK-Erhebungen von Mai 2006 gaben drei Viertel der Befragten an, schon einmal bei Lidl gekauft zu haben. Das Warten am Anfang hat sich für die Neckarsulmer gelohnt.

SCHLECHTE ÜBERLEBENSCHANCEN

»Einer der größten Unterschiede zwischen dem slowakischen Markt und anderen EU-Handelsmärkten ist der Mangel an Konsolidierung. Dies zeigt sich vor allem durch das fast gänzliche Fehlen von Ketten in den meisten Handelssektoren, da die Privatisierung des Handels zu einer großen Anzahl an kleinen Outlets führte.

Die Anzahl der Handelsunternehmen kann derzeit auf rund 25.000 geschätzt werden, wobei erwartet wird, dass diese Anzahl infolge zunehmender Konzentration zurückgeht. Viele der kleinen Geschäfte werden als Familienunternehmen geführt. Es ist daher unwahrscheinlich, dass diese bei steigendem Wettbewerb überleben können.«

(aus: Export Manual Slowakei, Hg. Bundesministerium für Wirtschaft und Arbeit, Österreich)

Lidl in Österreich

Drei kritische Frauen waren schnell draußen

Nach unterbundener Betriebsratswahl tat sich nichts mehr

Bei Lidl in Österreich kann schon der Versuch, einen Betriebsrat zu gründen, gefährlich werden. Da in diesem Land betriebliche Interessenvertretungen eigentlich eine Selbstverständlichkeit darstellen, lässt das aufhorchen. Karin Tuschek, damals im Lidl-Verteilzentrum in Lindach (Oberösterreich) beschäftigt, wandte sich mit einigen Kolleginnen im Jahr 2004 an die Gewerkschaft Handel, Transport, Verkehr (HTV). Die Frauen suchten Rat und Unterstützung, weil sie die Verlagerung des Zentrallagers ins Burgenland und damit den Verlust ihrer Arbeitsplätze befürchteten. Aus diesem Kontakt zur Gewerkschaft entstand eine Initiative zur Gründung eines Betriebsrates; Karin Tuschek und eine weitere Kollegin sammelten Unterschriften in der Belegschaft und engagierten sich stark.

»Leider waren zu viele Beschäftigte ängstlich. Die ließen sich von der Geschäftsleitung gegen uns aufbringen und fielen uns letztlich in den Rücken«, erinnert sich die Frau. So kamen schließlich zur entscheidenden Betriebsversammlung im Herbst 2004 nur etwa 15 der knapp 100 Lager-Beschäftigten. Da der Betriebsleiter und ein weiterer Vorgesetzter mit im Raum saßen, wunderte sich auch Karin Tuschek kaum, dass sich die Mehrheit der Anwesenden nun überhaupt gegen die Wahl eines Betriebsrates aussprach. Karin Tuschek und ihre Mitstreiterin erhielten eine halbe Stunde nach der geplatzten Betriebsversammlung die Kündigung; das dritte Mitglied im Wahlausschuss einen Tag später. »Vor dem Arbeitsgericht bekamen die Gekündigten immerhin Abfindungen zugesprochen«,

Startjahr
1998

Filialen
135* Lidl

Beschäftigtenzahl
2.200

Umsatz:
450 Mio. Euro (2004)

Entwicklung
Für 2006 werden ca. 25 neue Märkte erwartet

Discount-Konkurrenz
369 Hofer (Aldi), 356 Zielpunkt, Plus (Tengelmann) 228 Penny, Mondo (Billa/Rewe)

* Stand 01.01.2006   (Quellen: Planet Retail, Lebensmittel-Zeitung, eigene Berechnungen)

sagt Reinhard Freinhofer, der damals für die HTV die Betriebsratsinitiative betreut hat. »Schließlich sind Kündigungen wegen Gewerkschaftsmitgliedschaft und des Versuchs, einen Betriebsrat zu gründen unzulässig. Anschließend wurde vor mehreren Lidl-Filialen in Oberösterreich gegen die Kündigungen protestiert und die Kundschaft über die Praktiken informiert.«

In einem Radiointerview wenige Tage nach den Vorfällen unterstrich der Gewerkschafter, dass eine Betriebsratswahl eine Selbstverständlichkeit darstelle. »Und gerade ein Handelskonzern wie Lidl braucht Betriebsräte, damit die Arbeitnehmerrechte gewahrt werden.« Allerdings war Reinhard Freinhofer auch zu diesem Zeitpunkt bereits klar, dass Gewerkschafter es – nicht nur in Österreich – bei Lidl nicht mit einem üblichen Arbeitgeber zu tun haben. Seit der gescheiterten Betriebsratswahl in Lindach ist vieles öffentlich geworden über das System Lidl.

Die Gewerkschaft der Privatangestellten (GPA) machte im Frühjahr 2006 bei einer internationalen Frauentagstour, die zeitgleich mit Lidl-Aktivitäten anderer europäischer Gewerkschaften am 8. März in etwa 30 österreichischen Filialen stattfand, die Geschäftsführung für unhaltbare Zustände verantwortlich: »In vielen Fällen gibt es arbeitsrechtliche Verstöße zu Lasten der Beschäftigten: Überstunden werden nicht bezahlt, Vor- und Nacharbeiten müssen unentgeltlich geleistet werden, Einstufungen sind fehlerhaft«. Betriebsräte seien oft unerwünscht. Beschäftigte, die sich für Betriebsratswahlen stark machen, würden »unter Druck gesetzt, gemobbt, gekündigt«.

»LEIDER WAREN ZU VIELE ÄNGSTLICH UND FIELEN UNS LETZTLICH IN DEN RÜCKEN«

Die verhinderte Betriebsrätin Karin Tuschek bereut ihr folgenreiches Engagement bis heute nicht. »Insgesamt war das für mich doch vor allem eine lehrreiche Erfahrung, und einen Betriebsrat halte ich nach wie vor für eine wichtige Einrichtung.«

GUDRUN GIESE

Beschimpft und kontrolliert:

»Immer hieß es Dalli-Dalli«

Typischer Erfahrungsbericht aus einer Filiale in Oberösterreich

Erfahrungsberichte von österreichischen Lidl-Beschäftigten weisen auf die Discounter-typischen Missstände. Hier die Aussage einer ehemaligen Verkäuferin aus Oberösterreich.

»Sechs Monate war ich bei Lidl beschäftigt. Länger habe ich es nicht ausgehalten. Ich war für 22,5 Stunden pro Woche angemeldet, habe aber wesentlich mehr gearbeitet. Meine Arbeitszeit endete offiziell um 18.30 Uhr. Die Überstunden habe ich aber weder bezahlt, noch einen Zeitausgleich dafür bekommen. Ich musste nach Geschäftsschluss putzen, aufwaschen und auch noch Ware verräumen.

Hochflexibel – Arbeit auf Abruf

Wir bekamen die Lieferung – also die Waren für die Filiale – mit einem Lkw zugestellt. Wenn sich dieser verspätete, wurde ich nach Hause geschickt. Wenn dann aber die Lieferung ankam, wurde ich angerufen, ich müsse sofort kommen. Ich wohne aber zirka sechs Kilometer entfernt. Natürlich wurde weder Fahrzeit noch der Aufwand für die Fahrt bezahlt. Im Lager waren keine Kühlaggregate installiert. Die Kühlartikel mussten daher möglichst rasch in den Verkaufsraum verräumt werden, damit die Kühlkette nicht unterbrochen wurde. Genau das kam allerdings öfters vor. Die Ware wurde bei Lidl nach einem bestimmten System eingeschichtet, das hat viel Zeit gekostet. Üblicherweise werden Artikel, die ein kürzeres Ablaufdatum haben, in der vorderen Reihe platziert. Bei Lidl musste ich aber die Artikel

»ES HERRSCHTE EIN RAUER UMGANGSTON UND ES WURDE TOTALER STRESS AUFGEBAUT«

mischen, damit die Kunden nicht nach hinten greifen und dann automatisch eine Ware mit längerem Ablaufdatum in den Händen halten.

Es herrschte auch ein rauer Umgangston, und zwar sowohl von der Filialleitung gegenüber den Verkäuferinnen als auch unter den Kolleginnen. Es wurde totaler Stress aufgebaut. Ich wurde oft aufs Gröblichste – hauptsächlich von der Filialleitung – beschimpft, auch vor den Kunden. Ich weiß gar nicht, wie oft ich unter Tränen nach Hause gegangen bin. Dieser Druck, der Stress hingen auch damit zusammen, dass ich keine Einarbeitung hatte und immer kontrolliert wurde. Beim Kassieren musste ich mindestens 40 Artikel pro Minute bonieren, wenn ich das nicht schaffte, wurde ich darauf aufmerksam gemacht.

In den Monaten bei Lidl hatte ich sechs verschiedene Vorgesetzte. Jeder wollte etwas anderes, jeder hatte wieder andere Ideen, wie der Umsatz gesteigert werden sollte. Ich musste mich jeden Monat wieder auf neue Systeme und Prioritäten einstellen – und das alles unter Druck. Dalli-Dalli hieß es dann immer wieder.

Die Pausen verbrachte ich im Aufenthaltsraum. Allerdings wurden die knappen Ruhezeiten oft durch die Filialleitung unterbrochen. Ich musste dann kassieren und konnte die restliche Zeit nicht mehr als Pause nehmen.

Inventuren wurden kurzfristig angesetzt, obwohl klar war, dass diese monatlich erfolgen mussten. Sie dauerten oft bis nach 22 Uhr – die Zeit danach habe ich nicht bezahlt bekommen.

Ich wurde auch des Öfteren kontrolliert: Nach Dienstschluss, auf dem Weg zum Auto, kamen zwei Männer auf mich zu und forderten mich auf, den Einkauf herzuzeigen. Sie haben das Auto inspiziert, meine Einkaufstasche ausgeräumt und in meine Handtasche geschaut.«

AUFGEZEICHNET VON GOTTFRIED RIESER,
GEWERKSCHAFT DER PRIVATANGESTELLTEN, (LINZ)

DEUTLICHE WARNUNG

Eine »Kampfansage an Lidl Österreich« (Lebensmittel-Zeitung) haben Anfang Mai 2006 bei einem Handelsforum Top-Manager der in Österreich führenden Handelsunternehmen Rewe und Spar Austria formuliert. Sie warnten die Lebensmittelindustrie davor, den Discounter bei den Preisen für Markenartikel zu bevorzugen. Die Hersteller sollten sich überlegen, ob sie in 3 Prozent des Marktes oder in 80 Prozent des Marktes vertreten sein wollen, so Spar-Vorstandschef Gerhard Drexel.

Lidl in Ungarn

Vieles bleibt noch im Dunkeln

Starke Expansion in kürzester Zeit, aber die Filialen sind eine gewerkschaftsfreie Zone

Im Mai 2001 plante Lidl den Markteintritt in Ungarn noch für dasselbe Jahr. Ganz so schnell klappte es nicht mit der Umsetzung, aber im Lauf der Jahre 2002 und 2003 erwarb das Neckarsulmer Unternehmen Grundstücke in verschiedenen – meist ländlichen – Regionen Ungarns für die spätere Ansiedlung von Discountmärkten und bereitete den Bau eines Logistikzentrums in Szekesfehervar (Zentral-Ungarn) vor. Im November 2004 eröffnete Lidl schließlich an einem Tag zwölf Filialen in verschiedenen Städten. Schon bald darauf wurde erste Kritik von Lieferanten und Wettbewerbern laut, dass Lidl Waren unter Einstandspreis anbiete.

Bereits im Mai 2005 wurden Pläne bekannt, das Logistikzentrum in Szekesfehervar um 8.000 auf dann 38.000 Quadratmeter zu vergrößern. Ein weiteres, 40.000 Quadratmeter großes, Logistikzentrum wurde in Tiszaújváros (im Nordosten Ungarns) gebaut; die Investitionssumme wird auf rund 20 Millionen Euro beziffert. Innerhalb von nur zwölf Monaten stieg die Zahl der Lidl-Filialen laut Marktforschungsinstitut AC Nielsen bis zum Ende 2005 auf 51. Der Jahresumsatz betrage etwa 60 Milliarden Forint (228 Mio. Euro)

Handelsexperten schätzen, dass etwa 1.000 Menschen bei Lidl in Ungarn arbeiten. Niemand sei gewerkschaftlich organisiert, so die ungarische Handelsgewerkschaft KASZ Ende Januar 2006. Gewerkschaftsmitglieder, die von einem anderen Arbeitgeber zu Lidl wechseln, treten aus der KASZ aus. Betriebsräte existieren nach diesen Informationen weder in den Filialen noch

Startjahr
2004

Filialen
51* Lidl

Beschäftigte
ca. 1.000

Umsatz
228 Mio. Euro (2005)

Entwicklung
Für 2006/2007 werden bis zu 80 neue Märkte erwartet

Discount-Konkurrenz
170 Plus (Tengelmann), 140 Penny (Rewe), 67 Profi (Delhaize)

* Stand 01.01.2006

(Quellen: AC Nielsen, Planet Retail, Gewerkschaftsangaben)

im Verwaltungs- oder Logistikbereich. Lidl-Beschäftigte in Ungarn äußern sich bisher nicht über ihre Arbeitsbedingungen – vor allem wohl aus Angst, gegen ein entsprechendes Verbot des Unternehmens zu verstoßen. Angeblich zahlt Lidl etwa 20 Prozent mehr Entgelt als vergleichbare Unternehmen. Ob das den Tatsachen entspricht und wie viele Überstunden, Arbeitshetze und Kontrollen die MitarbeiterInnen im Gegenzug dafür hinnehmen müssen, bleibt noch im Dunkeln.

Steine des Anstoßes

So wenig über die Arbeitsbedingungen der Lidl-Beschäftigten in Ungarn bekannt ist, so häufig ist das Unternehmen in den zurückliegenden zwei Jahren in die – zumeist – negativen Schlagzeilen der ungarischen Presse gelangt: Anfang September 2005 berichtete die Zeitung »Népszabadság«, dass die Händler/innen des so genannten Korbmarktes in Nagykanizsa gegen den Verkauf eines städtischen Grundstücks an Lidl protestierten. Auf dem direkt neben dem Marktgelände gelegenen Areal sollte bereits die zweite Filiale in der 51.000-Einwohner-Stadt entstehen. Rund 165 Händler und Marktfrauen leben vom Gemüseanbau und -verkauf; die Ansiedlung des Discounters gefährde vor allem wegen der niedrigen Verkaufspreise ihre Existenz, fürchteten sie laut Pressebericht.

Ein Händler machte die Rechnung auf: In dem neuen Lidl-Markt würden vielleicht 20 neue Arbeitsplätze geschaffen. An dem Markt hänge jedoch

Budapest: Konzerne im Stadtbild   Foto: Hamann

die Existenz von 800 Familien. Der Grundstücksverkauf wurde im Stadtrat kontrovers diskutiert. Der – sozialistische – Bürgermeister argumentierte, dass Lidl sich auf jeden Fall in diesem Stadtviertel ansiedeln werde, auch wenn die Stadt ihr Grundstück nicht verkaufen sollte.

Anfang Juli 2005 berichteten mehrere ungarische Zeitungen (»Népszabadság«, »Reggel«), dass die Betriebsgenehmigung für den Lidl-Markt in Szentendre auf Antrag der Budapester Bezirksbehörde für Tiergesundheit und Verbraucherschutz zurückgenommen worden war; der Laden musste schließen. Die Behörde hatte verschiedene Verstöße gegen Hygiene- und Lagervorschriften aufgedeckt. In der Lidl-Filiale war salmonellenbelastetes Hühnerfleisch gefunden worden. Außerdem wurde ein Kühlraum ohne Genehmigung betrieben. Vorschriftswidrig ließ Lidl das belastete Fleisch vor Abschluss der Untersuchungen abtransportieren und vernichten.

Die ungarische Presse berichtet zudem regelmäßig über Kundenproteste. So ist es in Ungarn nicht üblich, die Menge der angebotenen Waren pro Käufer zu begrenzen. Über diese Lidl-Praxis beschwerten sich viele Kunden, wie »Békés Megyei Hírlap« am 7. Dezember 2004 meldete. Der Direktor der zentralen Verbraucherschutzbehörde des Komitats Békés, János Kiss, äußerte in demselben Bericht »Vorbehalte« gegen die Abgabebegrenzung bei Lidl. Alle Produkte müssten ohne Einschränkungen verkauft werden. Von Lidl erhielt die Zeitung, trotz intensiver Bemühungen, keine Stellungnahme zu der Regelung.

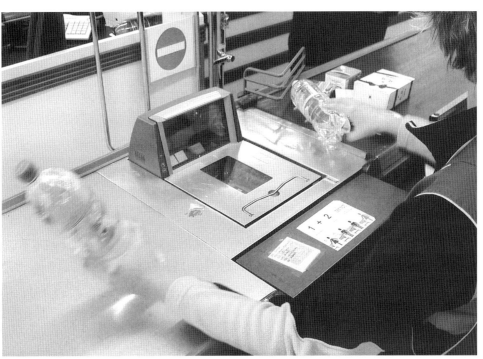

Schnelles Tempo an der Kasse ist Pflicht   *Foto: Hilmar Müller*

Der Discountermarkt

Der Anteil der Discounter in Ungarn wächst in den letzten Jahren rapide. Allein von 2004 zu 2005 stieg die Filialzahl der vier in dem Land vertretenen Ketten (Plus, Penny, Profi und Lidl) von 386 auf 434. Dabei expandierte Lidl in diesem Zeitraum am stärksten und erhöhte sein Filialnetz in Ungarn von 20 (Ende 2004) auf 51 (Ende 2005), wie die Zeitung »Napi Gazdaság« im Januar 2006 unter Berufung auf das Marktforschungsinstitut AC Nielsen berichtete. Dieselbe Zeitung meldet, dass der Anteil der Discounterware in Ungarn von 13,2 Prozent im Jahr 2003 auf inzwischen 16 Prozent gestiegen sei. Der Verdrängungswettbewerb funktioniert ausschließlich über den Preis: Nach Angaben der Zeitungen »Reggel«, »Somogyi Hírlap« und »24 óra« bietet Lidl seine Waren um 20 bis 30 Prozent preiswerter an als die angestammten Geschäfte. Der deutsche Discounter plane sein Filialnetz auf insgesamt 200 aufzustocken, ist auf der Homepage Szekesfehervars zu lesen. In der Stadt ist die Ungarn-Zentrale Lidls angesiedelt.

GUDRUN GIESE

MARKTMACHT NIMMT ZU

»Der Wettbewerb wird immer härter und die Marktmacht gegenüber den Lebensmittelherstellern nimmt kontinuierlich zu..... Die Standortexpansion der großen Ketten konzentriert sich in den letzten Jahren besonders auf den Großraum Budapest, wo zahlreiche Hypermärkte, Supermärkte aber auch Cash & Carry-Standorte errichtet wurden. Ihr breites Sortimentsangebot von Fleischwaren, Obst, Gemüse und Backwaren ging vor allem auf Kosten der traditionellen Einzelhandelskaufleute, Fleischereien, Gemüsehändler oder Bäckereien, die gesamtungarisch betrachtet Standortreduktionen erlitten haben.«

(aus: »Export Manual Ungarn«, Hg. Bundesministerium für Wirtschaft und Arbeit, Österreich)

Lidl in Kroatien

Befürchtungen schon vor dem Markteintritt

48,6 Mio. Dollar Darlehen von der Weltbank-Tochter IFC

Lidl-Chef Klaus Gehrig hatte es Ende 2004 in einem Interview angekündigt: »2005 starten wir in Dänemark und Kroatien.« Doch das Vorhaben des expansionsfreudigen Discounters ging nur im Norden auf. Ohne Zweifel steht der Markteintritt aber unmittelbar bevor; 2006 will Lidl mit ersten Geschäften starten, wie auch Bojana Adzic von der kroatischen Handelsgewerkschaft Sindikat Trgovine Hrvatske (STH) weiß. »Im Oktober sollen gleichzeitig 17 Filialen im Land eröffnet werden. Innerhalb der kommenden zwei Jahre will Lidl bereits einen Marktanteil von mindestens zehn Prozent erreicht haben.«

Bereits Anfang 2004 hatte die kroatische Tageszeitung »Vecernji list« gemeldet, dass Lidl plane, mit einem Investitionsvolumen von 220 Millionen Euro rund 100 Märkte in dem südosteuropäischen Land zu eröffnen. Lidl hatte nach Angaben der Zeitung um eine Baugenehmigung für ein Logistikzentrum in der Nähe von Jastebarsko nachgesucht. Dort sollte auf 35.000 Quadratmeter Fläche ein Hochregallager entstehen. Das Unternehmen ging auf die Berichterstattung der Zeitung nicht ein.

Lidl nimmt für sein Engagement in Kroatien sogar ein Darlehen der International Finance Corporation (IFC), für den Privatsektor zuständige Tochter der Weltbank, in Anspruch. In einer Übersicht der innerhalb Kroatiens geplanten Investitionsförderungen ist ein entsprechender Eintrag zu finden: Danach wird die Eröffnung von Lidl-Filialen in Kroatien mit einem Darlehen von 48,6 Millionen US-Dollar finanziert.

Startjahr
2006

Filialen
17 Lidl (ab Okt.),17* Kaufland

Beschäftigtenzahl
unbekannt

Umsatz
55 Mio. Euro (Kaufland, 2003)

Marktanteil
5,4% (Kaufland, 2005)

Discount-Konkurrenz
Keine

* 01.01.2006

(Quellen: Lebensmittel-Zeitung, Gewerkschaftsangaben,
Planet Retail, eigene Berechnungen)

Um gegen die bevorstehende neue Konkurrenz besser gewappnet zu sein, schlossen sich 2004 vier bisher unabhängige regionale Händler zur Einkaufsvereinigung NTL zusammen. Darüber berichtete der Informationsdienst für deutsche Lebensmittelexporteure BIGFEx. Bisher wird der kroatische Lebensmitteleinzelhandel noch von nationalen Unternehmen geprägt. Unangefochtener Marktführer ist Konzum, 1957 als Unikonzum gegründet und 1995 von Agrokor, dem größten kroatischen Lebensmittelerzeuger, übernommen. 2003 erzielte Konzum mit landesweit 534 Geschäften, davon 66 Supermärkten und 8 Cash-and-Carry-Märkten, einen Umsatz von 570 Millionen Euro; der Marktanteil lag 2004 bei 19,5 Prozent. Die Einkaufs- und Vertriebsorganisation CBA folgt mit 9 Prozent Marktanteil (2003) auf Platz 2.

Zu den großen ausländischen Einzelhandelsunternehmen, die in Kroatien bereits vertreten sind, gehören die österreichische Billa, die deutsche Metro AG, die slowenische Kette Mercator sowie Kaufland, das SB-Warenhaus-Unternehmen des Schwarz-Konzerns. Seit dem Markteintritt 2001 hat Kaufland mit zehn »Hypermärkten« in Kroatien seine Marktposition ständig ausgebaut; 2003 lag der Umsatz bei 55 Millionen Euro, der Marktanteil wurde 2004 auf 4,8 Prozent und 2005 auf 5,4 Prozent beziffert. Nach Angaben der Handelsgewerkschaft STH plant die Schwarz-Gruppe weitere Kaufland-Niederlassungen in Kroatien. Auf diese Weise soll der Marktanteil bis 2008 auf etwas über zehn Prozent gebracht werden.

»WIR BEFÜRCHTEN, DASS MIT DEM GESCHÄFTSSTART DIESES DISCOUNTERS EINE NEUE NEGATIVPHASE BEGINNT«

Die STH beobachtet die Praktiken der Schwarz-Gruppe seit ihrem Eintritt in den kroatischen Einzelhandelsmarkt sehr kritisch. Im November 2005 veröffentlichte sie die kroatische Ausgabe des »Schwarz-Buch Lidl«, um die Öffentlichkeit für die Probleme zu sensibilisieren, die mit der Eröffnung der ersten Lidl-Filialen in Kroatien bevorstehen könnten. Bojana Adzic von der Handelsgewerkschaft: »Wir befürchten, dass mit dem Geschäftsstart dieses Discounters eine neue Negativphase beginnt, indem die Arbeitsstandards im Handel noch weiter verschlechtert werden.« Schon gegenwärtig sei es für Arbeitnehmer/innen sehr schwer, geltende Rechte – wie tarifliche Bezahlung oder Gründung von Interessenvertretungen – durchzusetzen; mit Lidl werde sich die Situation mit hoher Wahrscheinlichkeit deutlich weiter verschlechtern, meint Bojana Adzic.

»Wir besprechen mit verschiedenen repräsentativen Sozialpartnern regelmäßig Aktionen zum Markteintritt von Lidl in Kroatien«, sagt die Gewerkschafterin. »Sozial verantwortliche Arbeitgeber unterstützen und verfolgen mit großem Interesse unsere Aktionen und die Informationen über die Arbeitsbedingungen bei Lidl und anderen Discountern.«

GUDRUN GIESE/ANDREAS HAMANN

Lidl in Schweden

Konflikte mit dem »schwedischen Modell«

Wie Lidl sein System etabliert: Straffe Hierarchie und Zugeständnisse

Lidl ist zurzeit der am schnellsten expandierende Akteur im schwedischen Lebensmittelhandel. Seit der Öffnung der ersten Lidl-Filialen Ende September 2003 sind in Schweden mehrere neue Läden pro Monat eröffnet worden. Der Discounter ist auf ständiger Jagd nach neuen Immobilien – und nach Personal. Dies hat jedoch nur zum Teil mit den ständigen Neueröffnungen zu tun, denn nicht nur der Warenumsatz ist bei Lidl außerordentlich hoch. Dies gilt auch für die Personalfluktuation. Obwohl es zentrale Tarifabkommen mit den Gewerkschaften gibt, sorgt der Discounter durch seine straffe Hierarchie und zahlreiche Konflikte in den Betrieben immer wieder dafür, dass sein Ruf in Schweden schlecht bleibt.

Fast nur Teilzeitstellen

Nach Angaben der Gewerkschaft Handels gibt es eine Reihe von Gründen, die dazu beitragen, dass so viele Angestellte Lidl nach kurzer Zeit wieder verlassen. Die meisten sehen sich schnell nach anderen Jobs um, da Lidl aus Prinzip nur Teilzeitstellen anbietet. Es wird »auf Stundenbasis und nach Bedarf« gearbeitet. Das heißt maximal 20 bis 25 Stunden pro Woche. Vollzeitstellen gibt es nur für die Filialleitung.

Ist der »Bedarf« an Lager- oder Verkaufspersonal geringer als geplant, kommen manchmal bloß 15 Stunden oder weniger zusammen: Laut Arbeitsvertrag ist die Arbeitszeit bei Lidl flexibel. Für die Betroffenen haben solche kurzfristig

Startjahr
2003

Filialen
105*

Beschäftigtenzahl
ca. 1.800

Umsatz
356 Mio. Euro (2005)

Entwicklung
Für 2006 wird mit 25 bis 30 neuen Lidl-Märkten gerechnet

Discount-Konkurrenz
101 Willy:s Filialen (Axfood), 74 Netto-Filialen

* 01.01.2006

(Quellen: GfK, Lebensmittel-Zeitung, schwedische Presse, Planet Retail, eigene Berechnungen)

veränderten Arbeitseinsätze natürlich direkte ökonomische Konsequenzen. Und auch indirekte: Wer in Schweden weniger als 18 Stunden pro Woche erwerbstätig ist, verliert das Recht, sein Teilzeiteinkommen durch »Aufstempeln« bei der Arbeitslosenkasse aufzustocken. Auch das staatliche Krankengeld fällt niedriger aus.

Von den Beschäftigten erwartet die Bezirksleitung, dass sie in der Freizeit ständig auf Abruf sind, und es wird nicht gern gesehen, wenn die Teilzeitangestellten sich andere Teilzeitjobs suchen, um das Einkommen aufzubessern. Das bringe Druck vom Chef mit sich, berichten Betroffene. Wer kann, sucht sich also lieber einen Vollzeitjob. Nicht alle tun das jedoch freiwillig – Lidl feuert systematisch Angestellte nach der sechsmonatigen Probezeit. Anfangs besetzte man fünf bis sechs Planstellen pro Filiale mit mindestens 10 neuen Mitarbeitern, um fast die Hälfte der Mitarbeiter gleich nach Ablauf der Probefrist wieder zu entlassen. All dies, so scheint es, um die Konkurrenz in der Belegschaft anzufachen und den Leistungsdruck zu erhöhen.

Auf der Suche nach »Loyalitätsbeweisen«

»Damit ist jetzt zum Glück Schluss«, sagt Fredrik Wimborn, Gewerkschaftssekretär im nordschwedischen Östersund. Die Lidl-Filiale im Ort ist gerade mal zwei Monate alt, und Fredrik seufzt auf die Frage, ob es noch Probleme mit Lidl gebe. »Ich habe den Regionalleiter darüber informiert, dass der Missbrauch von Probeanstellungen nicht nur gegen unseren Tarif-

Handelsinstitut HUI: Kritik am zu knappen Platz im Kassenbereich

vertrag, sondern auch gegen das schwedische Arbeitsrecht verstößt. Aber Lidl stellt nach wie vor nur stundenweise an, maximal 20 Stunden pro Woche. Gleichzeitig sind die Filialen geradezu lächerlich unterbesetzt, und die Leute werden regelrecht dazu gezwungen, ständig Mehrarbeit zu leisten.«

Um den Druck zu erhöhen, werden die Angestellten auch in Schweden kontrolliert und Zeitstudien unterzogen. Auch die Bereitschaft, »bei Bedarf« Extraarbeit zu leisten, wird bewertet und kommentiert. Im Lidl-Verständnis ist Mehrarbeit ohne Wenn und Aber offenbar ein »Loyalitätsbeweis«. Von vielen Beteiligten wird dies als eine »unbedingt nötige Voraussetzung« für die Weiteranstellung gesehen.

In der Zeitung »Expressen« (16.10.03) beschrieb eine Ex-Angestellte ihren Job in der Zeit des schwedischen Lidl-Starts als »die Hölle«. Eine andere Lidl-Angestellte spricht von »psychischem Terror« am Arbeitsplatz. »Was die uns ständig zeigen wollten, war klar: ›Ihr seid austauschbar!‹. Das bekam man sogar so vom Chef zu hören«, erzählt Angelica Svensson (Name geändert), Ex-Angestellte einer Filiale im südschwedischen Bromölla. »Am schlimmsten war es, als einmal die halbe Belegschaft krankgeschrieben war. Wir wurden regelrecht dazu gezwungen, doppelt zu arbeiten, weil der Filialleiter sich weigerte, Vertretungen anzustellen. Pausen durften wir nicht nehmen, noch nicht mal auf die Toilette konnte man gehen, wenn man das Pech hatte, an der Kasse zu sitzen. Und ständig bekamen wir vom Filialleiter, einem arroganten Typen um die 25, zu hören, ›Wem's nicht passt, der kann ja gehen‹.«

Seither hat sich einiges verbessert, dennoch stößt man bei Lidl Sverige immer wieder auch auf Aussagen, die das Unternehmen schwer belasten. Ein Filialleiter aus dem Raum Stockholm, der namentlich nicht genannt werden will, sagte Anfang 2006 verbittert aus, dass ein Lidl-Mitarbeiter in seiner Funktion das Verkaufspersonal überwachen, rund um die Uhr zur Verfügung stehen, sich mit Äußerungen gegenüber Vorgesetzten und Presse völlig zurückhalten müsse. Dies solle auch noch als »Herausforde-

»IM PRINZIP ARBEITE ICH 70 BIS 80 STUNDEN, UND DAS OHNE ZUSCHLÄGE«

rung« gesehen werden. »Im Prinzip arbeite ich 70 bis 80 Stunden. Und das ohne Zuschläge für die Mehrarbeit! Beschwert man sich, zum Beispiel wegen Rückenschmerzen, bekommt man zu hören, dass man wohl zu ›weich‹ für den Job sei. Ich kann nur hoffen, dass alle Lidl-Angestellten klug genug sind, in die Gewerkschaft einzutreten.«

Entscheidungen von ganz oben

An den regelmäßig auftretenden Konflikten in den Lidl-Filialen ist nach Ansicht von Gewerkschaftern nicht zuletzt die für schwedische Verhältnisse extrem hierarchische Unternehmensstruktur schuld. Der Handlungsspielraum des geschäftsführenden Personals vor Ort ist so weit eingeschränkt, dass selbst einfachste Entscheidungen wie der Kauf von Schutzhandschuhen für das Lagerpersonal oder die Anbringung von Uhren im Personalraum erst von weit oben genehmigt werden müssen.

»Die Regionalleiter haben bei Lidl rein gar nichts zu sagen«, meint Fredrik Wimborn. »Mit denen zu verhandeln ist eigentlich völlig witzlos. Alles muss erst ganz oben abgesegnet werden – und das dauert. Und wenn das länger als 14 Tage dauert, kann man Lidl gesetzesgemäß auf Schadensersatz verklagen. So lange bis die das tun, was sie müssen.«

Hinzu kommt auch eine Geheimniskrämerei von in Schweden unbekannten Ausmaßen. Noch nicht einmal Grunddaten wie Umsatz, Zahl der Angestellten und Filialen werden veröffentlicht. Dabei, so John Haataja, Tarifexperte der Gewerkschaft Handels, sei Lidl als Verhandlungspartner im Prinzip »nicht wesentlich schlimmer« als andere Konkurrenten in der Branche. »Lidl ist als Mitglied des Branchenverbands wohl vor den starken schwedischen Gewerkschaften gewarnt worden. Lange, bevor die ersten Filialen hier eröffnet werden sollten, hat Lidl selbst den Kontakt zu uns gesucht. Auf der zentralen Ebene gab es keine Probleme in der Kommunikation zwischen uns. Der schlechte Ruf von Lidl hier zu Lande ist also zum Teil unberechtigt, aber das Unternehmen arbeitet ganz offensichtlich nicht nach dem schwedischen Modell.«

»DIE ARBEITEN GANZ OFFENSICHTLICH NICHT NACH DEM SCHWEDISCHEN MODELL«

»Allerdings«, so John Haataja weiter, »haben wir unsererseits auch gleich sehr deutlich gemacht, dass wir ständig kontrollieren werden, ob die mit uns geschlossenen Abkommen eingehalten werden. Und wir haben Lidl gesagt, dass wir uns das Recht vorbehalten, Mitglieder direkt an den Arbeitsplätzen zu werben, ganz so, wie das hier üblich ist.« Das scheint kein Problem gewesen zu sein. Heute sind ungefähr 75 Prozent der Lidl-Angestellten gewerkschaftlich organisiert, in einzelnen Bezirken wie Malmö und Halmstad sogar über 90 Prozent.

Damit ist der Organisationsgrad bei Lidl höher als im Branchendurchschnitt. Das könnte durchaus an dem überaus schlechten Image von Lidl in Schweden liegen. Besonders als Lidl in Schweden die ersten Filialen eröffnete, schrieb man in der schwedischen Presse ausführlich über die finstern Geschäftspraktiken von Lidl im Stammland Deutschland. Später wurde das Schwarz-Buch von ver.di fleißig zitiert. Obwohl Lidl schon zum Markteintritt den Kontakt zur Gewerkschaft suchte und zentrale Tarifverträge unterzeichnete, war das Misstrauen gegenüber Lidl offensichtlich nicht völlig unberechtigt.

»Lidl hat versucht, die hiesigen Regeln maximal zu dehnen«, sagt Daniel Andersson aus dem Gewerkschaftsbezirk Borlänge. »Nach den gewerkschaftlichen Informationstreffen bei Lidl habe ich manchmal nur schwer schlafen können und mich gefragt, ob alles was ich da zu hören bekommen habe, überhaupt wahr sein kann. Lidl ist so ein Unternehmen, in dem man starken Widerstand leisten muss. Verstoßen die 100-mal gegen Arbeitnehmerrechte, werden wir sie also 100-mal verklagen; so lange bis sie endlich alles richtig machen.«

Auch Fredrik Wimborn macht keinen Hehl aus seiner Kritik an Lidl. »Nach den ersten Verhandlungen mit Lidl war ich noch positiv überrascht, weil ich ja aus eigener Erfahrung wusste, wie die vor zwei Jahren aufgetreten sind. Aber seitdem habe ich einsehen müssen, dass Lidl in Schweden vom gleichen Schrot und Korn ist wie anderswo auch.«

Extreme Hierarchie

In den Stellenanzeigen von Lidl klingt das alles ganz anders. »Du lernst schnell und kannst Dich anpassen. Du magst es, mit hohem Tempo und variierenden Aufgaben zu arbeiten«, heißt es in einer Stellenausschreibung auf der schwedischen Homepage von Lidl. Dort wirbt man mit der Aussicht auf »überdurchschnittliches Gehalt«, »exzellente Karrieremöglichkeiten für erfolgreiche Mitarbeiter« und dem Slogan, dass »der Mensch, sowohl Mitarbeiter als auch Kunde, im Fokus steht«.

Vor allem junge Menschen antworten auf diese Annoncen, nicht zuletzt, weil Lidl außer einer abgeschlossenen Schulausbildung keinerlei Anstellungserfahrung oder sonstige Qualifikation fordert. Die Konkurrenz um solche unqualifizierten Jobs ist in Schweden enorm. Die Anstellung von jungen Schulabgängern scheint von Lidl systematisch genutzt zu werden, um vor allem unerfahrene Angestellte im für schwedische Verhältnisse ungewöhnlichen Lidl-Gehorsam schulen zu können. Gewerkschaftliche Vertrauensleute aus dem Unternehmen, Gewerkschaftssekretäre, ehemalige Verkäuferinnen und Lagerangestellte, abgesprunge-

> **»LIDL HAT VERSUCHT, DIE HIESIGEN REGELN MAXIMAL ZU DEHNEN«**

ne Filialleiter und auch Journalisten sowie die Inspekteure der schwedischen Arbeitsschutzbehörde sprechen in diesem Zusammenhang immer wieder die extreme Hierarchie der Mitarbeiterstruktur bei Lidl an. Nach diesen Berichten wird die Unerfahrenheit der betroffenen Angestellten nach Strich und Faden ausgenutzt.

Führungsnachwuchs wird so in erster Linie unter frischen Absolventen der Handelshochschulen rekrutiert, denen eine schnelle Karriere in Aussicht gestellt wird. Trainee-Programme werden in Deutschland abgehalten, wo man offensichtlich nicht die geringste Ahnung von den Regelungen des schwedischen Arbeitsmarkts hat: »Es ist ziemlich klar, dass die jungen Verkaufsleiter, mit denen ich zu tun habe, keinen Schimmer von den hiesigen Regeln haben«, sagt Fredrik Wimborn.

Flächendeckende Überwachung

Vor allem das ausgesprochene Misstrauen gegenüber den Angestellten, das den Chefs in Deutschland eingedrillt wird, irritiert ihn extrem. »Die Filialleitung hier zeigt bewusst, dass die alles sehen, was die Angestellten machen. In unserer verhältnismäßig kleinen Filiale in Östersund sind 17 Überwachungskameras installiert worden. Da kann ja noch nicht einmal ein kleines Insekt unbemerkt rein und raus fliegen! Diese Kameras sind nicht nur zur Verhinderung von Diebstählen installiert worden sind: Wir haben hier im Ort Großmärkte, die mit noch nicht mal halb so vielen Überwachungskameras auskommen.«

Dass Kameras zur Überwachung der Angestellten benutzt werden, vermutet man auch in Eskilstuna. Im dortigen Regionallager von Lidl sind die Kameras am Warenport noch nicht einmal auf die Ausgänge gerichtet. »Die Lagerarbeiter fühlen sich überwacht«, sagt Leif Johansson, Gewerkschaftssekretär im zuständigen Bezirk, »und wir werden Schadenersatz wegen der Verletzung von Persönlichkeitsrechten fordern«. Ähnlich wie in Östersund wurden die Kameras auch in Eskilstuna ohne Konsultation mit Gewerkschaften und Behörden angebracht, was gegen schwedische Arbeitsplatzbestimmungen verstößt.

»Lidl versucht, Methoden einzuführen, die es in Schweden seit Jahrzehnten nicht mehr gegeben hat. Die Angestellten haben keinerlei Einfluss auf ihre Arbeitssituation, und Gewerkschaften werden als Gegner gesehen.« So lautete ein Kommentar in der südschwedischen Zeitung »Sydöstran«, als dort 2003 eine Reportageserie zu den Verhältnissen in der Filiale in Bromölla veröffentlicht wurde. Heute ist Bromölla eine von sieben Lidl-Filialen mit eigener Gewerkschaftsgruppe und einer aus der Belegschaft gewählten Vertrauensfrau. Einen nennenswerten Konflikt gab es nach Angaben des zuständigen Obmanns von Handels, den wir Anfang 2006 befragten, nicht.

»METHODEN, DIE ES SEIT JAHRZEHNTEN NICHT MEHR GEGEBEN HAT«

Laut Auskunft aus den Bezirken von Handels muss man im Kontakt mit Lidl jedoch ständig Vertragsklauseln und gültige gesetzliche Bestimmungen in Erinnerung rufen und gelegentlich auch erzwingen. Das ist in Schweden in diesem Umfang eher unüblich. Oft handelt es sich zwar um kleinere Zwiste, gewöhnlich Verstöße gegen das betriebliche Mitbestimmungsgesetz MBL, nichtsdestotrotz ist das Vertrauen in das Unternehmen von gewerkschaftlicher Seite gering.

HENNING SÜSSNER

»Am Anfang backt man kleine Brötchen«

Interview mit einem gewerkschaftlichen Vertrauensmann im Lidl-Lager Halmstad

Am Lidl-Lagerstandort Halmstad werden Beschäftigungsverträge routinemäßig beendet. Kurz bevor die sechsmonatige Probezeit ausläuft, wird den Betroffenen gekündigt, neue Leute werden eingestellt. »Das ist hier immer noch ein großes Problem, aber wir versuchen, das zu unterbinden«, sagt Brian Pedersen, gewerkschaftlicher Vertrauensmann am Arbeitsplatz. Das Lidl-Lager in Südwestschweden ist die Anlaufstation für die meisten Warenlieferungen aus Deutschland. Hier arbeiten 70 Beschäftigte, von denen 60 Mitglieder der Gewerkschaft Handels sind. Vor zwei Jahren wurde in Halmstad eine Gewerkschaftsgruppe gegründet, die seitdem um bessere Arbeitsverhältnisse kämpft. Die Gruppe, die im Rahmen des schwedischen Mitbestimmungsgesetzes (MBL) betriebsratsähnliche Funktionen wahrnimmt, ist eine von zurzeit sieben bei Lidl in Schweden.

Brian Pedersen   *Foto: Göran Odefalk*

Gab es Probleme, als Sie die Gewerkschaftsgruppe gegründet haben?

BRIAN PEDERSEN: Nein, das kann man nicht behaupten. Einer von uns hatte die Idee, etwas zu machen und hat die Gewerkschaft hierher eingeladen. Dann haben wir die Gruppe gegründet und das den Vorgesetzten mitgeteilt. Bloß als es darum ging, während der Arbeitszeit an gewerkschaftlichen Bildungsmaßnahmen teilzunehmen, haben die gemeckert.

Hat sich hier etwas konkret verändert, seit es die Gewerkschaftsgruppe gibt?

BRIAN PEDERSEN: Ja, das finde ich schon. Man backt natürlich am Anfang kleine Brötchen, aber wir haben zum Beispiel erreicht, dass sich die Arbeitsbedingungen für die Angestellten in den Minibüros draußen in der Lagerhalle verbessert haben. Diese Arbeitsplätze sind jetzt schallisoliert. Außerdem wird bei uns jetzt nur noch bezahlte Mehrarbeit geleistet.

Wie sieht denn das Verhältnis zu Ihren Vorgesetzten aus?

BRIAN PEDERSEN: Da gibt es im Großen und Ganzen keine Probleme, allerdings ist es schon merkwürdig, dass unser Chef sich nicht traut, eigene Beschlüsse zu fassen. Wenn verhandelt wird, muss alles erst von ganz oben abgesegnet werden, und das dauert dann zwei bis drei Wochen, bevor man eine Antwort erhält. Man hat fast das Gefühl, als ob unsere Vorgesetzten erst nach Deutschland telegrafieren müssen.

»ALLMÄHLICH KRIEGEN WIR LIDL DAZU, UMZUDENKEN«

Was steht denn für gewöhnlich bei Verhandlungen auf der Tagesordnung?

BRIAN PEDERSEN: In erster Linie kämpfen wir dafür, dass die Leute, die hier Teilzeitjobs haben, ihre reguläre Arbeitszeit aufstocken können. Und allmählich kriegen wir Lidl tatsächlich dazu, umzudenken – wir haben hier inzwischen ein paar Vollzeitbeschäftigte. Ansonsten geht es meist um Verstöße gegen das Mitbestimmungsgesetz, z.B. wenn die Leitung es unterlässt, uns rechtzeitig von Änderungen der Arbeitspläne zu informieren.

Auf welchen Gebieten sollten Verbesserungen erreicht werden?

BRIAN PEDERSEN: Das Arbeitsklima hier könnte natürlich viel besser werden. Heute wird hier ständig das Arbeitstempo gemessen; die Leute müssen eine bestimmte Anzahl Kolli pro Stunde bewegen, sonst gibt es Druck. Und es gibt Aufpasser, die hier ständig herumrennen und das Personal überwachen. Aber das ist leider nicht unüblich in unserer Branche.

INTERVIEW: HENNING SÜSSNER

Billig ist nicht alles

Auch in Schweden versucht Lidl, sein Image aufzupolieren

Der Slogan »Lidl är billigt!« prangt an den Glasscheiben jeder Filiale von Lidl Sverige. Und in der Tat hat der Einzug der Discounter in Schweden zuerst Panik bei der Konkurrenz und dann einen ersten »Preiskrieg« ausgelöst. Allerdings ist die Etablierung auf dem sehr konzentrierten schwedischen Lebensmittelmarkt schwierig: Seit der Öffnung der ersten 11 Filialen Ende September 2003 hat Lidl tiefrote Zahlen geschrieben.

Das Unternehmen hüllt sich so weit wie möglich in Schweigen. Die per Gesetz abzuliefernden Berichte an das staatliche Unternehmensregister werden verzögert und oft erst nach Mahnung und gerne unvollständig abgeliefert. Doch aus der letzten Steuererklärung geht hervor, dass Lidl bei einem geschätzten Umsatz von 3,3 Milliarden Kronen bis einschließlich 2004 einen gesammelten Verlust von annähernd 430 Millionen Kronen eingefahren hat.

Foto: Süssner

Dennoch expandiert die Kette in rasantem Tempo. Ende 2005 gab es bereits über 100 Filialen in Schweden und für das erste Halbjahr 2006 wurden mindestens 20 neue Läden erwartet. Lidls Marktanteil hat sich im letzten Jahr verdoppelt, beläuft sich jedoch noch auf bescheidene 1,9 Prozent.

»Das Unternehmen ist zäh. Es ist nicht selbstverständlich, ein Konzept von einem Land in ein anderes zu überführen«, meint Carl Eckerdahl, Analytiker des Stockholmer Marktforschungsinstituts HUI dazu. Er und andere Analytiker weisen darauf hin, dass die Eigentümer von Lidl für ihre »langfristige Planung« und starken Finanzen bekannt seien. In absehbarer Zukunft rechne man damit, dass Lidl und andere Discounter ihre Marktanteile stark ausweiteten.

Das Eindringen der Hard-Discounter Netto (2002) und Lidl in den schwedischen Markt hat auf jeden Fall bereits dazu geführt, dass die drei führenden Lebensmittelketten des Landes den Anteil von eigenen Billigmarken drastisch erhöht haben. Die schwedischen Medien sprechen in diesem Zusammenhang bereits von einem Preiskrieg. Innerhalb von knapp zwei Jahren, so die Zeitung »Svenska Dagbladet«, ist die Anzahl der Hard-Discounter in Schweden um 80 Prozent gestiegen. Der Anteil billiger Handelsmarken ist in den Regalen auf 15 Prozent gestiegen. Dies hat seine Spuren im Konsumentenpreisindex hinterlassen, was u.a. vom schwedischen Kartellamt positiv bewertet wird.

Der momentane Trend zu billigeren Produkten, den in Schweden vor allem Lidl verkörpert, wird indes nicht von allen begrüßt. Der Vorsitzende der für die Lebensmittelindustrie zuständigen Gewerkschaft Livs, Hans-Olof Nilsson, sagt, dass in den letzten beiden Jahren bereits rund 2 200 Arbeitsplätze in Schweden abgebaut worden sind, mindestens 1 600 weitere Jobs sieht er in Gefahr. Der Grund: Die Preise der Lebensmittelhersteller sind teilweise so weit nach unten gedrückt worden, dass eine Produktion in Schweden nicht mehr lohnt.

Auch Verbraucher- und Umweltverbände warnen vor schlechterer Qualität der Produkte und erschwerten Qualitätskontrollmöglichkeiten wegen undurchsichtiger Produktionsketten. Offensichtlich haben solche Aspekte für schwedische Verbraucher Bedeutung: Lidl wurde gezwungen, das Sortiment schrittweise dem Geschmack schwedischer Konsumenten anzupassen. Der Anteil etablierter schwedischer Produkte ist seit den Anfängen im Herbst 2003 kontinuierlich gestiegen, schlecht laufende Waren aus dem ursprünglichen deutschen Sortiment sind verschwunden. Damit reagiert Lidl auf schlechte Untersuchungsergebnisse zur Kundenzufriedenheit. Billig allein reicht wohl nicht, und interessanterweise beginnt Lidl nun den alten Slogan »Billig!« durch den Spruch »Markenqualität zu bestem Preis« zu ersetzen. Dies, nachdem man erst durch die Umgehung von Fleischkontrollbestimmungen für einen handfesten Skandal in Schweden sorgte und Ende November auch in Schweden durch die deutsche Greenpeace-Studie zur Schadstoffbelastung von Gemüse in die Schlagzeilen geriet. Auch in Schweden versucht Lidl, sein Image aufzupolieren. HS

Handfeste Erfahrungen mit Discounter-Methoden in Dalarna

»Die muss man in die Ecke treiben«

75 Prozent der rund 1.000 schwedischen Lidl-Angestellten sind Gewerkschaftsmitglieder. Damit liegt der Organisationsgrad sogar über dem Durchschnitt in der Branche. Wie wirkt sich diese Stärkeposition auf das Verhältnis von Lidl zu den Gewerkschaften aus? DANIEL ANDERSSON ist Sekretär der Gewerkschafts Handels im Bezirk Dalarna.

Wie sieht das Verhältnis zwischen Gewerkschaft und Lidl in eurer Region aus?

DANIEL ANDERSSON: Lidl akzeptiert uns hier, wie auch im übrigen Land. Lidl hat den gleichen Tarifvertrag wie die anderen Unternehmen der Branche auch. Aber wir haben oft wegen Verstößen gegen das betriebliche Mitbestimmungsrecht miteinander zu tun. Auch zu Fragen des Arbeitsschutzes haben wir oft kritische Anmerkungen.

Was wird da kritisiert?

DANIEL ANDERSSON: Alles mögliche. Wir hatten z.B. einen Konflikt, weil ein Filialleiter in Ludvika einfach die Öffnungszeiten über Ostern änderte, ohne uns das vorher mitzuteilen. Es werden Anstellungen vorgenommen, ohne die Gewerkschaft zu konsultieren, Probeanstellungen werden missbraucht, um Druck auf das Personal auszuüben, branchenübliche Arbeitsschutzbestimmungen werden einfach ignoriert.

Bewirken eure Interventionen denn etwas bei Lidl?

DANIEL ANDERSSON: Ja, nach unseren Verhandlungen wird's meist ein wenig besser. Aber man muss Lidl erst in die Ecke drängen und mit Machtmitteln drohen, bevor sich da was ändert. Ansonsten kriegt man bloß ständig Ausflüchte zu hören und nichts geschieht.

Gibt es da ein konkretes Beispiel?

DANIEL ANDERSSON: Aber ja. Wir haben Lidl verschiedentlich ermahnt,

Daniel Andersson

uns gefälligst über die Änderungen von Arbeitsschemata zu informieren, und gegebenenfalls mit uns zu verhandeln. Die haben das so lange ignoriert, bis wir sie dann eben verklagt haben und Lidl bezahlen musste. Seitdem geht das besser. Wir müssen eben immer wieder beweisen, dass wir es wirklich ernst meinen mit unseren Anforderungen.

Unterscheidet sich Lidl nach eurer Einschätzung von anderen Arbeitgebern in der Branche?

DANIEL ANDERSSON: Absolut. Die haben eine Hierarchie im Unternehmen, wie ich sie noch nie erlebt habe. Als ich z.B. bei einer Arbeitsplatzinspektion mal angemahnt habe, dass Schutzhandschuhe für die Hantierung von Tiefkühlwaren besorgt werden sollten, bekam ich zu hören, dass so was erst von der Unternehmensleitung in Deutschland genehmigt werden muss. Die dürfen noch nicht mal solche Lappalien vor Ort bestimmen. Hinzu kommt auch Geheimniskrämerei und dieses ständige Misstrauen gegenüber den Angestellten.

Werden bei Lidl in Schweden auch 40 Scanvorgänge pro Minute von den Kassiererinnen eingefordert?

DANIEL ANDERSSON: Oh ja, allerdings nur wenn man auf Probe angestellt ist. Aber auch die Festangestellten arbeiten im gleichen Tempo – selbst wenn kaum Betrieb an den Kassen ist und wenig Waren auf dem Band sind, werden die eingescannt so als ob den Kassiererinnen der Teufel im Nacken sitzt. Außerdem sind die Lidl-Filialen stets absolut unterbesetzt – das Arbeitstempo bei Lidl ist extrem stressig.

Was machen die Gewerkschaften dagegen?

DANIEL ANDERSSON: Wir können in dieser Hinsicht leider nicht viel machen, da werden Leute stundenweise angestellt und außer den Filialleitern arbeitet niemand 40 Stunden in der Woche. Das ist in der ganzen Branche so, aber Lidl dehnt die hiesigen Regeln bis an die Grenzen. Da werden junge Leute für 15 Stunden die Woche angestellt, so dass die Betroffenen noch nicht einmal das Recht haben, sich bei der Arbeitslosenversicherung anzumelden. Dahinter steckt Absicht – denn viele zögern dann, sich gewerkschaftlich zu organisieren.

»ALS OB DEN KASSIERERINNEN DER TEUFEL IM NACKEN SITZT«

[Anmerkung: Die schwedische Arbeitslosenversicherung wird von den Gewerkschaften verwaltet]. Aber wir versuchen gegen solche Methoden Widerstand zu leisten. Und wenn Lidl gegen geltendes Recht verstößt, klagen wir Schadensersatz ein, so lange bis alles korrekt abläuft.

INTERVIEW: HENNING SÜSSNER

»Die wollten so eine Art von Kadavergehorsam haben«

Lidl-Distriktleitung musste schließlich doch noch einlenken

Britt (Name geändert) arbeitet in einer der ersten schwedischen Lidl-Filialen: Die Baukastenhalle liegt in der Nähe eines Wohnviertels, ein wenig außerhalb des Ortszentrums von Bromölla. Eigentlich, so meint die 30-Jährige, gefalle ihr der Job bei Lidl. »Ich mag meine Arbeit – aber man hört hier nie ein freundliches Wort vom Chef, ständig soll man ein schlechtes Gewissen haben, weil irgendwas zu langsam erledigt worden ist. Was du auch tust, immer stehst du hier unter Verdacht, das macht einen echt fertig.«

Zur Politik des Unternehmens gehört es, ständiges Misstrauen gegenüber dem Personal an den Tag zu legen. »Manchmal taucht hier der Distriktleiter auf und kontrolliert uns auf Diebesgut. Am liebsten nach Ende der letzten Schicht, wenn du gerade in der Ausgangsschleuse stehst, und die innere Tür zum Laden abgeschlossen hast. Da wird dann der einzige Weg nach draußen blockiert und gefragt, ob du was geklaut hast... Man traut sich noch nicht mal, einen Apfel von zu Hause mitzunehmen, wenn man keine Quittung vorweisen kann.«

Die Verhältnisse haben sich allerdings gebessert

Früher war es allerdings noch schlimmer: »Als die Filiale hier neu war, hat die Verkaufsleitung versucht, hier ihre deutschen Methoden einzuführen, die wollten so eine Art von Kadavergehorsam haben. Wer die Waren zu langsam über den Scanner zog, wurde sofort angeschnauzt. Man bekam oft zu hören, dass man ja auch woanders arbeiten könne.« Langsam redet sich Britt in Rage: »Und ständig hingen diese Rankinglisten an der Wand! Man sollte für jeden Arbeitsvorgang im Wettbewerb liegen. Das war ja völlig blödsinnig, was heißt das schon, dass ich am schnellsten Hundefutter oder Spülmittel ins Regal räumen konnte?!«

Die Verhältnisse haben sich inzwischen gebessert, die Angestellten der Filiale hatten nach ein paar Monaten genug und bildeten eine Gewerkschaftsgruppe. Dagegen hatte der Vorgesetzte nichts, »aber das lag wohl daran, dass der dachte, wir würden das als eine Art Hobby betreiben. In unserer Freizeit also. Als er zum erstenmal mit uns verhandeln musste – während der Arbeitszeit – wurde er zickig«, erzählt Britt schmunzelnd.

Eine Besserung der Arbeitssituation für die Angestellten ergab sich erst, nachdem die Angestellten der Filiale im Jahre 2003 die Lokalzeitung Sydöstran kontaktiert hatten und öffentlich ihre Arbeitsbedingungen anprangerten. Die Lidl-Distriktleitung sprach von »Vertrauensbruch« – aber sah sich gezwungen einzulenken.

»Man kann das heute überhaupt nicht mehr vergleichen mit den früheren Zuständen! Heute haben wir hier eigentlich nur noch festangestelltes Personal, und da greift ja der Kündigungsschutz. Fristlos entlassen kann hier nur werden, wer Drogen oder Alkohol missbraucht. Niemand kann dich jetzt noch zwingen, Mehrarbeit zu leisten. Die Geschwindigkeit der Scannvorgänge an der Kasse ist ebenfalls kein Ansatzpunkt mehr für Drohungen.«

Dennoch liegt noch immer vieles im Argen. »Ja, regelrechtes Mobbing gehört hier zum Alltag. Und die Vorgesetzten versuchen, Zwietracht unter uns Angestellten zu säen. Unsere Vertrauensfrau ist denen zu unbequem.«

»WIR VERSUCHEN UNSER BESTES, UM GEGENWEHR ZU LEISTEN«

Das größte Problem ist auch bei Lidl Bromölla das aufreibende Arbeitstempo: die Filiale ist unterbesetzt. »Und die fragen sich immer noch, warum niemand hier lange arbeiten will«, sagt Britt mit einem gequälten Seufzer. Britt berichtet von Kollegen, die Verschleißschäden an Bandscheiben und Rücken davongetragen haben, weil das Tempo an der Kasse unnötigerweise hochgetrieben wird. »Hier sind ständig Leute krankgeschrieben. Bist du selber mal dabei, wird dir gleich Schwächlichkeit vorgeworfen!« Dagegen, so Britt, sei schwer vorzugehen. »Aber wir versuchen unser Bestes, um Gegenwehr zu leisten.«   HS

Schwarzarbeit am Bau und Billigtransporte

Lidls Vertragspartner: Erst großer Druck sorgte für Besserung bei Subunternehmen

Auch wenn Lidl Schweden stolz darauf hinzuweisen pflegt, dass man in Schweden sehr wohl die Rechte der Angestellten respektiere und sogar von Anfang an Tarifverträge mit den Gewerkschaften Handels und HTF (Transport/Speditionen) abgeschlossen hat, galt diese Politik offensichtlich nicht immer und überall: Warentransporte verstießen gegen schwedisches Arbeitsrecht, neue Filialen wurden von Schwarzarbeitern errichtet. Erst Blockade- und Streikdrohungen zwangen Lidl zur Einhaltung geltender Vorschriften.

In Schweden werden im Monat durchschnittlich vier neue Lidl-Filialen eröffnet. Die Baukastengebäude werden in der Regel von einer Vielzahl von kleinen Subunternehmen errichtet. In einer Studie der schwedischen Bauindustriegewerkschaft Byggnads zu Schwarzarbeit auf Baustellen in Südschweden wird neben diversen einheimischen Baufirmen auch Lidl genannt.

Bei einer Arbeitsplatzkontrolle von Lidl-Baustellen im mittelschwedischen Dalarna stellte sich laut dem Gewerkschaftsorgan Byggnadsarbetaren heraus, dass vier von fünf Subunternehmen ihren osteuropäischen Bauarbeitern Löhne weit unter Tarif zahlten. Auf Lidl-Baustellen in Malmö und Landskrona wurden Schwarzarbeiter entdeckt. Im September 2004 drohte Byggnads deswegen mit einer Blockade von Lidl-Bauprojekten in Nordschweden, an denen Unternehmen ohne einheimische Tarifverträge

»SIE WOLLTEN UNS KEINE INFORMATIONEN HERAUSGEBEN«

beteiligt waren. Der Effekt ließ nicht auf sich warten: Heute müssen sich Lidls Subunternehmer beim schwedischen Bauunternehmerverband registrieren und nach geltendem Flächentarifvertrag zahlen.

Kehrtwendung bei den Transporten

Auch in der Frage der umfangreichen Warenlieferungen musste Lidl zum Einlenken gezwungen werden. Die von Lidl beauftragten deutschen und finnischen Speditionen verstießen gegen EU-Bestimmungen, die es ausdrücklich untersagen, permanente Binnentransporte (sog. Cabotage) von im Ausland registrierten Unternehmen ausführen zu lassen. Lidl nutzte eine Grauzone, denn die Grenzen zwischen permanenten und zugelassenen zeitweisen Transporten sind fließend.

Lidl und Speditionen angezeigt

Im Februar 2005 wurden Lidl und die für das Unternehmen tätigen Speditionen jedoch vom schwedischen Spediteurverband angezeigt. Gleichzeitig forderte die Gewerkschaft Transport den Abschluss eines schwedischen Tarifvertrages für die schwedischen Lidl-Transporte – auch weil sich herausgestellt hatte, dass Lidls finnischer Vertragspartner hauptsächlich unterbezahlte lettische Fahrer einsetzte und gegen Arbeitszeitrichtlinien verstieß.

Inzwischen hat die Gewerkschaft Transport Verhandlungen mit der deutschen Spedition Pape aufgenommen, die für Lidl nach Schweden fährt. »Pape Schweden hat sich korrekt verhalten«, berichtet Per-David Wennberg, Verhandlungssekretär von Transport: »Das einzige, was wir als Problem aufgefasst haben, war Lidl. Als wir versucht haben, über Lidl herauszufinden, welches Unternehmen eigentlich mit den Warentransporten beauftragt worden war, ließen die mitteilen, dass man solche Informationen nicht herausgibt.« Erst über eine Anfrage bei ver.di in Deutschland und mit Hilfe von Fotos von den eingesetzten Fahrzeugen konnte Pape identifiziert werden.

Ergänzungstarif für Fernfahrer

Lidl selbst machte kurz nach der Androhung von weiteren Anzeigen eine Kehrtwendung. Ein schwedisches Unternehmen wurde kurzfristig mit den innerschwedischen Transporten betraut. Die deutsche Spedition Pape, die die Waren aus Deutschland liefert, wurde inzwischen auch in Schweden registriert und hat einen schwedischen Ergänzungstarifvertrag für die eingesetzten Fernfahrer abgeschlossen.   HENNING SÜSSNER

Lidl in Dänemark

Bei einem Nachbarn ticken die Uhren völlig anders

75 Prozent der Lidl-Beschäftigten sind in der Gewerkschaft

Am Bahnhof im Kopenhagener Stadtteil Herlev ist die Welt klar aufgeteilt: Links steht der Discount-Schuppen von Aldi, rund 100 Meter weiter rechts findet sich Lidl in einer etwas verlassen wirkenden Ecke. Nur einmal hatten sich dort lange Schlangen wartender Menschen angesammelt. Am 29. September 2005 öffnete Lidl Danmark K/S über das Land verteilt die ersten 13 Filialen, eine davon in Herlev. Der Ruf billig zu sein lockte viele Neugierige.

Ein halbes Jahr später ist der Kundenandrang eher verhalten. Der neue Discounter muss sich erst noch auf ein Land einstimmen, in dem Ketten wie Fakta, Netto und Aldi mit insgesamt knapp 1.000 Filialen den Ton im Billigsektor angeben. Noch ist der Abstand groß, doch die Jagd nach Marktanteilen hat begonnen. Drei Monate nach dem Lidl-Start gab es schon 25 Filialen, zum Ende 2006 werden es nach Expertenschätzungen etwa 50 sein.

Sehr aufmerksam wird in Dänemark beobachtet, wie das Preisniveau und die Warenqualität bei Lidl ausschauen. Für die Zeitung »Jyllands-Posten« tat das im Frühjahr 2006 das Forschungsinstitut EKG Research & Planning: Beim Preisvergleich eines Warenkorbes mit 40 Artikeln war Lidl sehr knapp vor Aldi um fast 25 Prozent billiger als der teuerste Anbieter. Hingegen lag der neue deutsche Discounter beim Qualitätstest seiner Lebensmittel auf Platz 11, sechs Positionen hinter Aldi. Ungeachtet solcher Ergebnisse rechnet das »Retail Institute Scandinavia« mit dem schnellen Vormarsch der Dis-

Startjahr
2005

Filialen
25*

Beschäftigtenzahl
ca. 700

Umsatz
140 Mio. Euro (Prognose 2006)

Entwicklung
Für 2006 wird mit 25 bis 30 neuen Lidl-Märkten gerechnet.

Discount-Konkurrenz
300 Fakta (Coop), 360 Netto (Dansk Supermarked), 227 Aldi, 130 Rema 1000 (Reitan)

* 01.01.2006 (Quellen: GfK, Lebensmittel-Zeitung, dänische Presse, Planet Retail, eigene Berechnungen)

counter – Lidl inklusive. In den nächsten Jahren, so die Prognose, werde ein Drittel der traditionellen Supermärkte verdrängt. Offiziell äußert sich Lidl nicht zu seinem Expansionstempo. Berichte, wonach Lidl in wenigen Jahren mit mehr als 200 dänischen Filialen die Konkurrenz das Fürchten lehren will, werden aus der Firmenzentrale in Kolding nicht kommentiert.

Über Lidls zugeknöpften Umgang mit der Presse kann Jörgen Hoppe nur den Kopf schütteln, denn der Vorsitzende der dänischen Handelsgewerkschaft HK hat positive Erfahrungen mit dem dänischen Management: »Das hat sicher auch sehr viel mit unserer starken Verankerung im Betrieb zu tun hat. 75 Prozent der Belegschaft sind Gewerkschaftsmitglied«, erzählt er gelassen und selbstbewusst. »Bisher konnten wir alle auftauchenden Probleme gemeinsam mit der Geschäftsführung in Kolding regeln.«

Jörgen Hoppe

Noch bevor die erste Verkäuferin eingestellt war, hatten Hoppe und Lidl-Geschäftsführer Finn Tang bereits zwei Abkommen ausgehandelt, in denen die Arbeitsbedingungen verbindlich geregelt sind – eines für die Filialen, das andere für Lager und Verwaltung. Sie richten sich nach dem Rahmentarifvertrag, den HK Handel mit dem Unternehmerverband Dansk Handel & Service abgeschlossen hat. »Seit Herbst 2005 ist Lidl Verbandsmitglied«, erzählt der für die Firma zuständige Gewerkschaftsmann Per Lykke. »Im November 2005 unterzeichnete die Geschäftsführung den für den Einzelhandels-, Büro- und Lagerbereich geltenden Tarifvertrag.«

Völlig ausschließen will Jörgen Hoppe nicht, dass auf der Filialebene auch mal zur Methode »Management durch Angst« gegriffen wird. »Bisher ist uns aber kein einziger Fall bekannt und ich bin sicher, dass sich so etwas schnell abstellen lässt.« Anfang 2006 haben Filialbeschäftigte die ersten gewerkschaftlichen Vertrauensleute gewählt. Sie sind für mehrere Discount-Läden zuständig und üben auch eine klare Schutzfunktion aus. Der Discounter hat zugesagt, entstehende Probleme »so unternehmensnah wie möglich« mit den Vertrauensleuten zu lösen. Bei Lidl in Dänemark ticken die Uhren scheinbar völlig anders. ANDREAS HAMANN

Interview

»Es gelingt uns, Lidl an die Leine legen«

Interview mit einem dänischen und europäischen Top-Gewerkschafter

Jörgen Hoppe ist Vorsitzender der dänischen Gewerkschaft HK Handel. Gleichzeitig leitet er auch den europäischen Verbund der Handelsgewerkschaften in UNI Commerce.

»Billig auf Kosten der Beschäftigten«, wie geht das in Dänemark oder funktioniert es hier nicht?

JÖRGEN HOPPE: In Dänemark ist unsere Zusammenarbeit mit Lidl gut. Kurz nachdem 2002 bekannt geworden war, dass sie bei uns starten wollten, haben wir den hiesigen Geschäftsführer aufgefordert, Kollektivvereinbarungen über die Arbeitsbedingungen der künftigen Angestellten mit uns abzuschließen. Er verschob das auf später, sagte aber zu, dass wir noch vor der Öffnung der ersten Shops Abkommen haben würden. So konnten wir 2005 Vereinbarungen für die Läden, die Zentrale in Kolding und das Lager unterzeichnen. Lidl ist Mitglied im Arbeitgeberverband Dansk Handel & Service und deshalb richten sich diese Abschlüsse nach der Kollektivvereinbarung, die alle Verbandsunternehmen im Handel haben. Es gibt einen Mindestlohn und niemand wird unter diesem Tarifniveau bezahlt. Das ist sicher, denn wir haben viele Gewerkschaftsmitglieder bei Lidl, etwa 75 Prozent aller Beschäftigten. Und die Kommunikation ist eng, es gibt viele Meetings.

Das klingt ja sehr erfolgreich und erstaunlich harmonisch...

JÖRGEN HOPPE: Selbstverständlich hat es problematische Dinge gegeben, wenn auch nicht viele. Doch jedes Mal, wenn wir mit der Geschäftsführung geredet haben, gab es eine Lösung.

Zum Beispiel?

JÖRGEN HOPPE: Kurz nachdem sie die ersten Shops eröffnet hatten, gab es einige Probleme bei der Arbeitszeitplanung. Wir schlugen ihnen vor, als Planungssystem »TimePlan« einzusetzen, das von vielen dänischen Ketten benutzt wird. Aber sie wollten die Planung weiter nur per Hand mit Papier und Tinte vornehmen, so wie sie es in ganz Europa tun. Wir haben jedoch nicht locker gelassen und schließlich haben sie Lizenzen dieses IT-basierten Arbeitszeitsystems gekauft. Seither läuft das gut.

Ist damit zu rechnen, dass Lidl irgendwann ganz anders auftritt?

JÖRGEN HOPPE: Natürlich beobachten wir, was bei Lidl geschieht, denn wir kennen das kritikwürdige Verhalten in anderen Gegenden Europas. Aber ich kann nicht sagen, dass wir momentan derartige Probleme bei uns hätten. Bis jetzt gab es nur einen einzigen Fall, wo ein Filialmanager die Leuten aufgefordert hatte, unbezahlt länger zu arbeiten. Als wir die Lidl-Zentrale in Kolding informierten, wurde das sofort abgestellt.

Welche Erklärung gibt es dafür, dass alles ziemlich unproblematisch verläuft. Ist es allein die Stärke der Gewerkschaften oder wirkt sich auch eine andere Marktsituation aus?

JÖRGEN HOPPE: Ich denke nicht, dass die Marktsituation eine besondere Rolle spielt. In erster Linie haben wir als starke Gewerkschaften entsprechenden Einfluss in den skandinavischen Ländern. Zwischen 80 und 90 Prozent der Handelsbeschäftigten sind Mitglied – das schafft ganz andere Bedingungen, als wenn du 13 Prozent oder so hast. Und dann gibt es etwas, das wir dänisches oder nordisches Modell nennen. Es ist die Kooperation zwischen dem Arbeitgeber und der Organisation der Beschäftigten. Dieses Modell bedeutet auch, dass niemand nach Dänemark kommen kann, ohne hier die bestehenden kollektiven Vereinbarungen anzuwenden. Wenn wir allgemein über Europa sprechen, denke ich, dass Lidl sich wie ein Raubtier aufführt. Für Dänemark trifft das nicht zu, weil der dänische Geschäftsführer von Lidl weiß, wie man mit der Gewerkschaft umgehen muss und was er zu tun und zu lassen hat. Deshalb haben wir eine gute Zusammenarbeit, ähnlich gilt das für Norwegen, Schweden und Finnland. Das ist eine andere Kultur der Arbeitsbeziehungen und es gelingt uns, das Raubtier zu zähmen und an die Leine zu legen.

Wie siehst du als Vorsitzender von UNI Commerce in Europa die Chancen, die europäische Zusammenarbeit der Gewerkschaften in Sachen Lidl zu verstärken?

JÖRGEN HOPPE: Mehrere europäische Gewerkschaften haben die von ver.di angeregten Aktivitäten zu Lidl am Internationalen Frauentag 2006 unterstützt. Es gab Filialbesuche und andere Aktionen. Die Handelsgewerkschaften der skandinavischen Länder vereinbarten, kurz vor dem 8. März jeweils die Lidl-Geschäftsführung in ihrem Land anzuschreiben. In den Briefen ist das Management aufgefordert worden, der deutschen Unternehmensleitung unsere Empfehlung für einen konstruktiven Dialog mit den europäischen Gewerkschaften zu übermitteln. Wir haben dringend geraten, den Weg einer vernünftigen Kooperation einzuschlagen, wie sie in unseren Ländern schon funktioniert.

Gibt es noch andere Ideen, um Lidl auf der europäischen Ebene einheitlich gegenüber zu treten?

JÖRGEN HOPPE: Als Vorsitzender von UNI Commerce in Europa bin ich sehr dafür, ein Netzwerk für die Gewerkschaftsmitglieder bei Lidl zu knüpfen, damit sie sich austauschen und gegenseitig helfen können. Meine Kollegen in den nordischen Ländern und ich sind auch sehr stark an einer Konferenz zu Lidl interessiert, bei der die unterschiedlichen Erfahrungen in Skandinavien, in Deutschland und allen anderen Ländern ausgewertet werden können. Schon jetzt ist allerdings klar, dass wir insbesondere auch in den osteuropäischen Ländern bei der gewerkschaftlichen Organisierung helfen müssen.   INTERVIEW: ANDREAS HAMANN

Lidl in Norwegen

In nicht einmal zwei Jahren vom Vor- zum Schreckbild

Es gibt ungewöhnlich viele »heimliche Mitglieder« in der Handelsgewerkschaft

Als im Jahr 2002 bekannt wurde, dass Lidl groß in den norwegischen Markt einsteigen wollte, bereiteten sich Einzelhandel wie Gewerkschaften auf eine harte Auseinandersetzung vor. Am 23. September 2004 wurden die ersten zehn Filialen eröffnet. Zu diesem Zeitpunkt war Lidl unerwarteterweise bereits Mitglied des Branchenverbandes HSH. Kein Geringerer als Jesper Innes, Geschäftsführer von Lidl Norwegen, hatte ein Jahr vorher bei der Gewerkschaft Handels og Kontor um Tarifvertragsverhandlungen gebeten.

Nach Meinung von Stein Kristiansen, Vizevorsitzender von Handels og Kontor, war ein besonders negativer Artikel in »Dagens Næringsliv«, dem Hausblatt des norwegischen Arbeitgeberverbandes, die Ursache dafür. Unter der deutschsprachigen Überschrift »Haben Sie Angst?« wurde von Lidls gewerkschaftsfeindlichen Machenschaften in Deutschland und der »Angstkultur« der Schwarz-Gruppe berichtet. »Jesper Innes sagte, Lidl wolle die Haltung der norwegischen Gewerkschaften respektieren. Außerdem wolle er niemanden daran hindern, sich zu organisieren oder Tarifverträge zu schließen«, berichtete Kristiansen der Zeitung »Dagbladet«. Der Gewerkschaft wurden die Anstellungsverträge vorgelegt, Innes versprach, dass sie Infomaterialien in den Lidl-Filialen auslegen dürfe.

Im Dezember 2004 schloss der Transportarbeiterbund den ersten lokalen Tarifvertrag mit Lidl ab. Schon eine Woche nach der ersten

Startjahr
2004

Filialen
80* Lidl

Beschäftigtenzahl
1.500 (geschätzt)

Umsatz
71 Mio. Euro (2005)

Entwicklung
2006 ca. 10 neue Filialen

Discount-Konkurrenz
402 Bunnpris, Kiwi (NorgesGruppen ASA), 374 Rimi (Hakon), 330 Coop Prix (370 Rema 1000 (Reitan)

* 01.01.2006

(Quellen: Planet Retail, eigene Berechnungen)

Anfrage, so Lars Johnson von der Gewerkschaft, habe der Vertrag auf dem Tisch gelegen. Zuvor sei von 31 der ungefähr 80 Angestellten ohne Probleme eine Gewerkschaftsgruppe im Lidl-Lager in Vinterbro gegründet worden. Das Ganze sei vorbildlich gelaufen.

Im Frühjahr 2005 wurde auch von Handel og Kontor ein Tarifvertrag geschlossen. Er erfasste jene 13 von damals 24 Filialen, in denen es gelungen war, lokale Gewerkschaftsgruppen zu gründen. »Wir stehen uns nun mit Lidl besser als mit den meisten norwegischen Ladenketten«, verkündete Stein Kristiansen zufrieden. Mittlerweile ist der Enthusiasmus deutlich abgekühlt, da man auch in Norwegen mit den üblichen Lidl-Methoden Bekanntschaft schließen musste. Trotz aller Versprechen wird offenbar versucht, die Gewerkschaften aus den Filialen zu halten. Das sei bloß Müll, bekam eine Angestellte laut »HK Nytt« von ihrem Chef zu hören, als die Gewerkschaft Werbematerialien ausgeteilt hatte. Das Material wanderte in die Mülltonne.

»Die haben eine seltsame Vorliebe für ehemalige Militärs hier«

Die Gewerkschaftszeitung »HK Nytt« hat Aussagen von Mitgliedern gesammelt, die alle anonym bleiben wollten – aus Angst, fristlos gekündet zu werden. Auch in Norwegen werden die Lidl-Angestellten im Anstellungsvertrag zu einer absoluten Schweigepflicht gezwungen. Es wird berichtet, dass Druck auf organisierte Angestellte ausgeübt wird. Viele Lidl-Angestellte seien deswegen »heimliche Mitglieder«. Sie lassen nicht, wie in Norwegen üblich, ihre Gewerkschaftsbeiträge direkt vom Lohn abziehen. »Ja, es ist schon erlaubt in die Gewerkschaft einzutreten«, seufzt eine Kollegin, »aber Lidl verträgt keine Vertrauensleute, die Kritik anbringen. Es gibt hier sehr viele Verstöße gegen die Vertragsbestimmungen, aber die kümmern sich nicht drum«.

Es werde deutlich, so heißt es in Gewerkschaftskreisen, dass die Lidl-Betriebskultur aus Deutschland importiert werden solle. Bezirkschefs werden in Deutschland geschult, und versuchen einen autoritären Führungsstil auszuüben, der sich vor allem durch Misstrauen gegenüber den Angestellten auszeichnet. »Die haben eine seltsame Vorliebe für ehemalige Militärs hier,« meint ein Gewerkschafter. »Und das passt ja auch: Du sollst nicht selbst denken, sondern Befehle ausführen.« Die Angestellten werden ständig überwacht und sollen sich im Prinzip rund um die Uhr auf Abruf bereithalten. Vor allem die ständigen Inventuren, nach Aussage von Betroffenen manchmal alle 14 Tage, dienen dazu, Kontrolle über das Personal zu sichern. »Die kontrollieren bei solchen Gelegenheiten alles Mögliche. Das Ergebnis ist, dass sie vor allem uns kontrollieren«, meint eine Angestellte aus Stavanger.

Das Resultat dieser Personalpolitik äußert sich darin, dass das Personal oft wechselt – und in außergewöhnlich hohen Krankenständen. Da auch bei Langzeitkrankheit normalerweise kein Extrapersonal angestellt wird, steigt der Druck auf die übrigen Arbeitskollegen. Das führt zu weiterer Krankschreibungen, ein Teufelskreis, den man von Seiten der Geschäftsführung offensichtlich in Kauf nimmt. HENNING SÜSSNER

Lidl in Finnland

Auch hoch im Norden muss sich Lidl um sein Image sorgen

Gute Tarifbeziehungen zur Gewerkschaft, aber die Personalführung wirkt äußerst merkwürdig

Seitdem Lidl in Finnland präsent ist, erleben die Beschäftigten immer wieder merkwürdige Dinge, die bis vor wenigen Jahren in der Wirtschaft des Landes unbekannt waren. Grundsätzlich aber macht sich auch in dieser Ladenkette der starke Einfluss der finnischen Gewerkschaften – zuständig ist die PAM – positiv bemerkbar. Viele kritikwürdige Verhaltensweisen wurden abgestellt, weil Juha Ojala und andere Gewerkschaftsleute bei der finnischen Lidl-Zentrale intervenierten.

Zu den Merkwürdigkeiten, die bei Lidl in Deutschland noch immer gang und gäbe sind, gehörte auch diese: Eine Angestellte fand in ihrer Filiale einen Briefumschlag mit Geld, wunderte sich und gab den Fund an ihren keineswegs überraschten Vorgesetzten weiter. Dasselbe Spiel wiederholte sich kurz darauf in weiteren Filialen. »Solche Behandlung des Personals spiegelt ein Misstrauen wieder, das in Finnland völlig ungewohnt ist«, kommentiert Juha Ojala eine Häufung von willkürlichen Kontrollen und Abmahnungen.

In Tarifangelegenheiten sei das Verhältnis zum Top-Management gut, es gebe regelmäßige Kontakte: Lidl habe sich verpflichtet, die entsprechenden Vereinbarungen im Einzelhandel einzuhalten und zahle sogar ein wenig mehr. Das sei, so der PAM-Chefverhandler, ungewöhnlich in der Branche. »Für die Filialen und den Lagerbereich sind Vertrauensleute gewählt worden«, spricht er die Interessenvertretung der Beschäftigten an. Ihnen würde allerdings oft der

Startjahr
2002

Filialen
95*

Beschäftigtenzahl
ca. 1.600

Umsatz
160 Mio. Euro (2004)

Entwicklung
2006 ca. 10 neue Filialen

Discount-Konkurrenz
232 Filialen von Sale, Sentti und Alepa, 145 Ruokavarasto-Filialen und 11 Cassa-Discounter

* Stand 1.1.06
(Quellen: Planet Retail, PAM, eigene Berechnungen)

Zugang zu Informationen verwehrt und die Freistellungen seien noch nicht zufrieden stellend geregelt.

Nach Mediendesaster mehr Offenheit

Auch in Finnland hat Lidl seinen öffentlichen Auftritt verändert, informiert ein wenig mehr und wirbt so verstärkt um ein besseres Image. Der Ruf des Discounters war Anfang 2005 erheblich angekratzt worden, als das finnische Fernsehen an einem Sonntagabend zur besten Sendezeit einen sehr kritischen Lidl-Report ausstrahlte: Ehemalige Mitarbeiter beklagten drakonische Kontrollen und erniedrigende Behandlung. »Prinzipiell mussten wir unsere Überstunden mit Freizeit abfeiern«, sagte zum Beispiel »Laura«, eine mittlere Führungskraft aus. Sie habe auch sehr viele Stunden für umsonst gearbeitet. Jan Furstenborg von der europäischen Gewerkschaftsvereinigung UNI Commerce in Europa warnte vor den möglichen Folgen der aggressiven Billigpreispolitik für Lebensmittelsicherheit und Produktqualität. Er forderte Lidl auf, in allen Ländern sozial verantwortlich zu handeln. Der Geschäftsführer von Lidl Finnland hatte es abgelehnt, persönlich in der Sendung aufzutreten, ließ allerdings Statements übermitteln. So habe er dem Verstecken von Geldumschlägen, einer gedankenlos aus Deutschland importierten Idee, ein Ende bereitet.

Die meisten Lidl-Angestellten sind jung und beruflich unerfahren. Juha Ojala von der PAM ist deshalb und aus anderen nahe liegenden Gründen froh, dass die Gewerkschaft bei Lidl mehr Mitglieder hat als bei anderen Discount-Ketten.

ANDREAS HAMANN

Auch bei Lidl, Aldi und Co. müssen die Arbeitsbedingungen sozial und menschenwür-
dig gestaltet werden, sonst hat »billig« einen zu hohen Preis   Foto: Hilmar Müller

»LIEGT ES DARAN, DASS WIR EINE GEWERKSCHAFT HABEN?«

»So schlimm wie in Deutschland ist es lange nicht. Pausen werden
eingehalten, jede gearbeitete Stunde bezahlt (außer Filialleitung),
WC auch kein Problem, Testkäufe sehr selten, Artikel pro Minute an
der Kasse 20 bis 30... Stress mit Tränen kennen wir auch. Trotzdem,
um 19 Uhr ist Feierabend. Und ist die Arbeit nicht geschafft, bleibt
sie liegen! Liegt es daran, dass wir eine Gewerkschaft haben?«

Filialleiterin aus Flandern (Belgien)

Das Rechercheteam

Andreas Hamann
Journalist, Berlin, Projektleiter »Schwarz-Buch Lidl Europa«. Begann Ende 2002 als erster Journalist mit Recherchen zum Umgang des Discounters Lidl mit den Beschäftigten. In weit über 100 Interviews und Gesprächen mit Verkaufspersonal, ehemaligen Lidl-Angestellten und Handelsexperten von ver.di sammelte er Fallbeispiele aus allen Teilen Deutschlands zum »System Lidl«. Das von Andreas Hamann zusammen mit Gudrun Giese verfasste »Schwarz-Buch Lidl – Billig auf Kosten der Beschäftigten« führte u.a. dazu, dass die  Unternehmensgruppe Dieter Schwarz ihre völlig restriktive Öffentlichkeitsarbeit lockern musste. Für das erste Schwarz-Buch wurden beide im November 2005 mit dem Otto-Brenner-Preis für kritischen Journalismus ausgezeichnet.

Gudrun Giese Journalistin, Berlin, Co-Autorin Schwarz-Buch Lidl

Henning Süssner Historiker und Journalist, Linköping

Franziska Bruder Journalistin, Berlin,

Claudius Vellay Ökonom, Paris

Heike Schrader Journalistin, Athen

Wilfried Schwetz Sozialwissenschaftler, Hannover

Susannne Streif Politikwissenschaftlerin u. Malerin, Stuttgart und Italien

Detlev Reichel Journalist, Berlin

Für die Mitarbeit bei der Recherche bedanken wir uns bei
Achim Neumann (Lidl Deutschland)
Nicole Heroven (Lidl Frankreich und Belgien)
Toni Stengl (Lidl Italien)
Ulrich Scholz (Lidl Ungarn)